動かしながら学ぶ **Webサーバーの作り方**

ゼロからはじめる

Rocky
Linux
対応

Linux 第2版

サーバー構築・運用ガイド

Yoshikazu Nakajima
中島能和

JN073049

本書内容に関するお問い合わせについて

このたびは翔泳社の書籍をお買い上げいただき、誠にありがとうございます。弊社では、読者の皆様からのお問い合わせに適切に対応させていただくため、以下のガイドラインへのご協力をお願い致しております。下記項目をお読みいただき、手順に従ってお問い合わせください。

●ご質問される前に

弊社Webサイトの「正誤表」をご参照ください。これまでに判明した正誤や追加情報を掲載しています。

正誤表　https://www.shoeisha.co.jp/book/errata/

●ご質問方法

弊社Webサイトの「書籍に関するお問い合わせ」をご利用ください。

書籍に関するお問い合わせ　https://www.shoeisha.co.jp/book/qa/

インターネットをご利用でない場合は、FAXまたは郵便にて、下記"翔泳社 愛読者サービスセンター"までお問い合わせください。

電話でのご質問は、お受けしておりません。

●回答について

回答は、ご質問いただいた手段によってご返事申し上げます。ご質問の内容によっては、回答に数日ないしはそれ以上の期間を要する場合があります。

●ご質問に際してのご注意

本書の対象を超えるもの、記述個所を特定されないもの、また読者固有の環境に起因するご質問等にはお答えできませんので、予めご了承ください。

●郵便物送付先およびFAX番号

送付先住所　〒160-0006　東京都新宿区舟町5
FAX番号　　03-5362-3818
宛先　　　　（株）翔泳社 愛読者サービスセンター

はじめに

　インターネットを使ったサービスを立ち上げるとき、その土台となるサーバーは必須です。最近ではAWSなどのクラウドサービスを利用して短期間にインフラを構築できるようにもなりましたが、その中核となるサーバーの構築・運用技術が簡単になったわけではありません。安全なサーバーを構築・運用するには、それなりの準備が必要です。

　本書では、Linuxに触れたことはあるものの、Linuxでのサーバー構築・運用を経験したことのない人を対象として、Linuxの基礎を学びつつ、インターネットサーバーの構築・運用ができるようになることを目標としています。サーバーにはいろいろな用途がありますが、本書ではもっともニーズが高いと思われるWebサーバーおよびデータベースサーバーを構築し、メジャーなCMSであるWordPressサイトの構築を目指します。また、インターネット上で実際に運用できるよう、セキュリティの基礎も学びます。

　本書の特徴は、仮想的なサーバーを提供するVPSサービスを使って、すぐに学習を始められることです。かつては学習用の自宅サーバーを準備する工程でけっこうな時間と労力をとっていたのですが、仮想化技術の進展で手軽にサーバーを運用できるようになってきました（だからこそ、しっかりとしたサーバー技術を身に付けておかなければならない、ともいえます）。実際に手を動かし、ひととおりの作業を体験してみることで、仕事に活かすことのできる技術を体験していただければと思います。

　旧版ではLinuxディストリビューションとしてCentOSを採用しましたが、改訂にあたってRocky Linuxに変更しました。

　本書の執筆にあたっては、株式会社翔泳社の皆様をはじめ、関係者の方々には大変お世話になりました。ここに感謝いたします。

2024年3月
中島 能和

本書の実行環境

本書はLinuxサーバーを構築・運用する際に必要となるものをまとめた書籍です。本書の実行例は、執筆時点（2024年2月）のさくらのVPS/Rocky Linux 9（x86_64）にて動作確認を行っています。ローカル環境で学習したい方は巻末の付録に仮想マシンを使用する方法を解説していますのでご活用ください。

本書の表記

　本書では、コマンドの実行例を次のように表しています。実際に入力をするコマンドは青字の部分です。また、紙面の都合によりコマンドやコマンドの実行結果を途中で折り返している箇所があります。コマンドやコマンドの実行結果を折り返す場合は、改行マークを行末に付けています。

コマンド実行例

```
$ file /etc/hosts
/etc/hosts: ASCII text ●───── ASCII テキストファイル
$ file /bin/ls
/bin/ls: ELF 64-bit LSB pie executable, x86-64, version 1 (SYSV), dynamically ⏎
linked, interpreter /lib64/ld-linux-x86-64.so.2, BuildID[sha1]=cedbe8d7fb5757⏎
dd39992c1524f8d362adafcf41, for GNU/Linux 3.2.0, stripped ●── バイナリ実行ファイル
```

　設定ファイルを編集する際には次のような白枠で記載しています。記載内容によって、説明に必要な箇所のみ、または変更箇所のみを抜き出している場合もあります。

リスト：ファイルの編集例

```
Port 10022
```

　コマンドの構文は次のように表しています。構文の[ ]で表したものは任意で指定する項目です。コマンドの主なオプションは巻末のコマンドリファレンスをご参考ください。

書式　**chown [-R] 所有者 ファイル名またはディレクトリ名**

付属データと会員特典データの
ダウンロードについて

　付属データ（本書記載のコマンドのテキスト）と会員特典データは、以下の各サイトからダウンロードできます。

付属データのダウンロードサイト

URL https://www.shoeisha.co.jp/book/download/9784798182995

■ 注意

　付属データに関する権利は著者および株式会社翔泳社が所有しています。許可なく配布したり、Webサイトに転載したりすることはできません。付属データの提供は予告なく終了することがあります。あらかじめご了承ください。

会員特典データのダウンロードサイト

URL https://www.shoeisha.co.jp/book/present/9784798182995

■ 注意

　会員特典データをダウンロードするには、SHOEISHA iD（翔泳社が運営する無料の会員制度）への会員登録が必要です。詳しくは、Webサイトをご覧ください。

　会員特典データに関する権利は著者および株式会社翔泳社が所有しています。許可なく配布したり、Webサイトに転載したりすることはできません。

　会員特典データの提供は予告なく終了することがあります。あらかじめご了承ください。

■ 免責事項

　付属データおよび会員特典データの記載内容は、2024年3月現在の法令等に基づいています。付属データおよび会員特典データに記載されたURL等は予告なく変更される場合があります。

　付属データおよび会員特典データの提供にあたっては正確な記述につとめましたが、著者や出版社などのいずれも、その内容に対してなんらかの保証をするものではなく、内容やサンプルに基づくいかなる運用結果に関してもいっさいの責任を負いません。

　付属データおよび会員特典データに記載されている会社名、製品名はそれぞれ各社の商標および登録商標です。

■ 著作権等について

　付属データおよび会員特典データの著作権は、著者および株式会社翔泳社が所有しています。個人で使用する以外に利用することはできません。許可なくネットワークを通じて配布を行うこともできません。個人的に使用する場合は、ソースコードの改変や流用は自由です。商用利用に関しては、株式会社翔泳社へご一報ください。

2024年3月

株式会社翔泳社　編集部

目　次

第1章　Linuxって何　　　　　　　　　　　　　1

第2章　仮想サーバーを用意しよう　　　　　23

第3章　基本的なコマンドを覚えよう　　41

第7章　LAMPサーバーを作ってみよう　147

第8章　セキュリティのポイントを押さえよう　171

1

Linuxって何

はじめに、Linuxそのものについて説明しておきます。LinuxとUNIX、オープンソース、カーネル、ディストリビューションといった言葉をすでに理解されている場合は、次の章に進んでください。

01 ✳ Linuxとは どのようなOSか

 01-01 UNIXとLinux

　Linuxは誕生してから33年（本書執筆の2024年現在）を迎える、なかなか歴史のあるOSです。Linuxが誕生した当時は、UNIXが強力なOSとして存在していましたが、一般の人たちが自由に使える状況ではありませんでした。そこで、当時フィンランドの大学生であったリーナス・トーバルズ氏が、UNIXっぽいOSとして作り上げたのがLinuxです*1。インターネット上に公開された当初は、ごくシンプルなプログラムでしたが、インターネットを通して徐々にたくさんの開発者が結集し、高機能なOSとして育っていきました。

　ところでUNIXとは、Linuxに先立つこと20年以上も前に開発がスタートしたOSで、大学・研究機関を中心に使われていました。UNIXは、その発展の過程でいくつかの系統に枝分かれしてきたため、現在はUNIXという単一のOSがあるわけではありません。現在も使われている主なUNIXは**表1**のとおりです。

　Linuxは、これらのUNIXとは異なり、ゼロから開発されたOSです。ただし、UNIXの標準仕様（POSIX）に準拠しているため、UNIX系OS、UNIXライクなOSと呼ばれます*2。UNIX系OSとは多くのコマンドが共通していて、UNIX向けソフトウェアの多くをLinuxでも利用できます。

＊1　Linuxは「LinusのUNIX」から名付けられています。
＊2　UNIXという言葉は商標登録されており、勝手に使うことはできません。

表1：主なUNIX

UNIXの種類	説明
Solaris	Oracle（旧Sun Microsystemsが開発）のUNIX
HP-UX	HPが開発したUNIX
AIX	IBMが開発したUNIX
FreeBSD	オープンソースで開発されているBSD系UNIX
OpenBSD	オープンソースで開発されているBSD系UNIX
NetBSD	オープンソースで開発されているBSD系UNIX
macOS	Appleが開発しているUNIX。MacのOSとして使われている

 01-02 オープンソースとライセンス

　Linux カーネル（P.5参照）は、ソースコードがインターネット上で公開され、誰もが開発に参加でき、誰もが自由に利用できる形で発展してきました。そのようなソフトウェアをオープンソースソフトウェア（Open Source Software：OSS）といいます（**表2**）。オープンソースソフトウェアは、ソースコード、つまりプログラマーがプログラミング言語で記述したプログラムがオープンとなっていて、誰でもそのソフトウェアに改良を加えてかまいません。

表2：主なオープンソースソフトウェア

ソフトウェア	説明
OpenOffice.org	ワープロや表計算ソフトウェアが含まれたオフィスソフトウェア
LibreOffice	OpenOffice.orgから分岐したオフィスソフトウェア
Apache HTTP Server	Webサーバーソフトウェア
nginx	Webサーバーソフトウェア
Samba	Windowsファイルサーバーやドメインコントローラーになることができるサーバーソフトウェア
Postfix	メールサーバーソフトウェア
WordPress	CMS（コンテンツ管理システム）
Firefox	Webブラウザ
GIMP	フォトレタッチソフトウェア

　Open Source Initiativeによる「オープンソースの定義」*3では、オープンソースを次のように定義しています。

- 自由に販売したり、無償で配布したりできる
- ソースコードを入手できる
- 元のソフトウェアを改良したり、派生ソフトウェアを作ったりできる
- 作者のソースコードの完全性を維持する
- 特定の個人やグループを差別しない
- 利用分野を制限しない
- 追加的なライセンスを要求しない
- 特定の製品でのみ有効なライセンスを禁止する
- いっしょに配布されるソフトウェアのライセンスを制限しない
- ライセンスは技術的に中立でなければならない

　オープンソースソフトウェアと対比されるのがプロプライエタリなソフトウェア、つまりソフトウェア会社の中だけで開発されているソフトウェアです。プロプライエタリなソフトウェアのソースコードは公開されていません。

　オープンソースソフトウェアは、何らかのライセンス（使用許諾）に従って公開されています。もっとも有名なライセンスがGPL（GNU General Public License）であり、LinuxカーネルもGPLライセンスを採用しています。オープンソースのライセンスは、GPLをはじめとして何十種類もあります。

注意　ソフトウェアを利用する際は、商用・非商用を問わず、そのソフトウェアのライセンスに従う必要があります。

---

*3　https://opensource.jp/osd/osd19/

01-03 カーネルとディストリビューション

　OSの中核となるプログラムをカーネルといいます。「Linux」というのは本来、カーネルに付けられた名称です。カーネルだけではOSとして使えません。利用者とカーネルとの仲介役をするシェルや、さまざまなユーザープログラム、ユーザーインターフェースを実現するプログラムなどが組み合わされて、はじめて日常の用途に使えるOSができあがります。

　ただし、一般のユーザーがそれらを組み合わせるのは技術的に難しく、大変な手間もかかります。そこで、LinuxベンダーやLinux開発コミュニティは、Linuxカーネルと、多数のオープンソースソフトウェアを組み合わせ、インストーラーといっしょに配布するようになりました。これをディストリビューションといいます[4]（**図1**）。一般的に「Linux OS」というのはディストリビューションを指します。

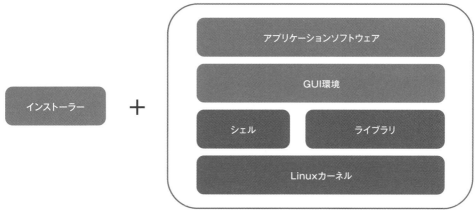

図1：ディストリビューション

---

[4]　distributeとは配布するという意味です。ディストリビューションの配布元をディストリビューターといいます。

　　ディストリビューションは数百種類、無名のものも含めると数千種類は
あります。

> **参考**　ディストリビューターとなっているのは、営利企業、インターネット上のコミュニティ、
> 個人などさまざまです。既存のディストリビューションをベースにオリジナルなディス
> トリビューションを作るのも難しくはありません。

　　ディストリビューションが豊富なのは、Linuxのアドバンテージでもあ
り、欠点でもあります。サーバー用、エンターテイメント用、教育用、組
み込み機器用など、利用目的にマッチしたディストリビューションを選択
できるのはメリットですが、どれを選べばよいかわかりづらいのはデメ
リットです。ディストリビューションが異なると、見た目や使い勝手がま
るで別のOSのように見える場合もあります（**図2、3**）。

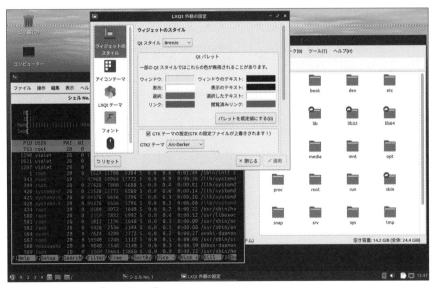

図2：Lubuntuのデスクトップ

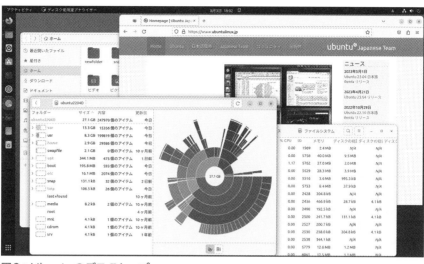

図3：Ubuntuのデスクトップ

参 考　DistroWatch（https://distrowatch.com/）でディストリビューションの人気ラン
キングを見ることができます。

　ディストリビューションには、大きく分けて2つの系統があります。Red
Hat系ディストリビューションとDebian系ディストリビューションです。

01-04 | Red Hat系ディストリビューション

Fedora
（フェドラ）

　コミュニティ（Fedora Project）によって開発されている先進的なディ
ストリビューションです（**図4**）。デスクトップ向けのFedora Workstation
と、サーバー向けのFedora Serverがあります。無償で配布され、先進的
なソフトウェアが導入されることから、個人ユーザーに人気が高い反面、
企業での導入はあまりありません。半年に一度という早いペースで新しい

バージョンがリリースされるため、長期的な利用には向いていないのです。新しい機能をいち早く試してみたい人にはお勧めです。Fedora Projectは後述のRed Hat社によって支援されています。

図4：FedoraのWebサイト

Red Hat Enterprise Linux

　Red Hat Enterprise Linux（RHEL）は、米Red Hat社が開発している企業向け（エンタープライズ）ディストリビューションです（**図5**）。Fedoraの成果を取り込んで、安定したソフトウェアが採用されます。企業が長期間にわたって安心して利用できるよう、長期のサポートが約束されています。バージョンアップも数年に一度と、比較的ゆったりとしたペースです。Red Hat社とサブスクリプション契約を結ぶことで、常に最新バージョンに追随できます。業務で利用する場合の標準的なディストリビューションといってもよいでしょう。

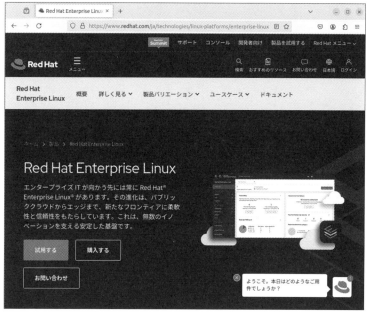

図5：Red Hat Enterprise LinuxのWebサイト

CentOS stream

　Red Hat Enterprise Linuxを構成するソフトウェアのほとんどはオープンソースソフトウェアです。GNU GPL（P.4参照）によって公開されたRed Hat Enterprise Linux（RHEL）のソースコードを再ビルドし、Red Hat社が権利を持つロゴなどを差し替えたディストリビューションがCentOSです[5]（**図6**）。つまり、Red Hat社のサポートは受けられないものの、RHELとほぼ同じバイナリ互換性を持ちながら無償で提供されていたため、CentOSは長らく人気がありました。しかし、最近になって、旧来のCentOS（CentOS 8）のサポートは停止され、RHELの開発版に近い形で新しい機能やアップデートが提供されるCentOS streamのみが提供される形となりました。次々と新しいバージョンにアップデートし続ける

---

[5]　そのようなディストリビューションをRed Hatクローンといいます。

ため（ローリングリリース）、長期的な安定運用には不安が生じます。

図6：CentOSのWebサイト

Rocky Linux

CentOSの方針変更を受けて、従来のCentOSに近い、安定的な長期サポートが得られるRHEL互換ディストリビューションがいくつか登場しました。その1つがRocky Linuxです（**図7**）。Rocky Linuxプロジェクトは、CentOSの開発者であるGregory Kurtzer氏によって2020年に開始されました。CentOS streamのようなローリングリリースではなく、従来のCentOSのように、中期的なスパンで安定してアップデートされていきます。

Rocky Linuxと同様のディストリビューションとして、Alma LinuxやMIRACLE LINUXがあります（**表3**）。

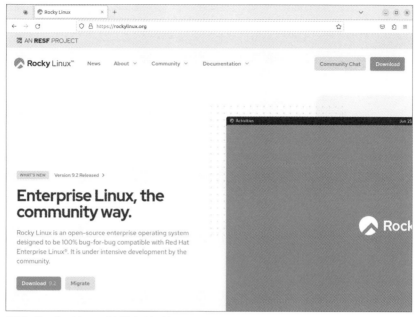

図7：Rocky LinuxのWebサイト

表3：主なRed Hat系ディストリビューション

ディストリビューション	URL
Fedora	https://getfedora.org/ja/
Red Hat Enterprise Linux	https://www.redhat.com/ja/technologies/linux-platforms/enterprise-linux
CentOS	https://www.centos.org/
Rocky Linux	https://rockylinux.org/ja/
Alma Linux	https://almalinux.org/ja/
MIRACLE LINUX	https://www.miraclelinux.com/

01-05 Debian系ディストリビューション

Debian GNU/Linux

フリーソフトウェア*6のみを用いて作られている、長い歴史のあるディストリビューションです（**図8**）。コミュニティベースで開発され、無償で利用することができます。サーバー用途でもクライアント用途でも利用できます。初心者にとってはややハードルの高いディストリビューションです。

図8：DebianのWebサイト

---

*6 ここでいう「フリー」ソフトウェアは、「無料」というよりも「自由」という意味合いが強いものです。

参 考　GNUは、フリーソフトウェアのみを使ってUNIX互換のコンピューター環境を作ることを目標としているプロジェクトです。Linuxカーネルは GNU プロジェクトの製品ではありませんが、Linuxディストリビューションを構成するソフトウェアの多くは GNU プロジェクトの製品です。そのため「GNU/Linux」と呼ぶべき、という意見があります。

Ubuntu
ウ ブ ン ト ゥ

　Debian GNU/Linux から枝分かれした派生ディストリビューションです（**図9**）。Canonicalによって開発されていますが、無償で提供されています。ややマニアックな印象のある Debian GNU/Linux とは異なり、初心者に配慮した使いやすさを追求して作られているため、デスクトップ用途で高い人気があります。デスクトップ版のほか、サーバー版も提供されています。また、日本のコミュニティが改良した日本語Remix版もあります。

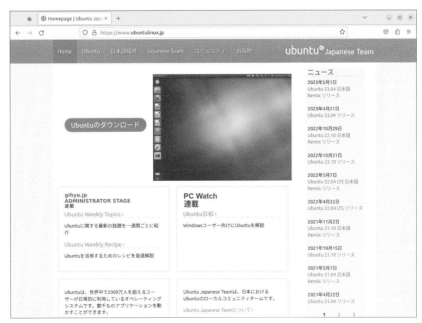

図9：UbuntuのWebサイト

　Fedoraと同じく半年に一度という速いペースで、毎年4月と10月に最新版がリリースされます。2年に一度、LTS（Long Term Support）版という、長期サポートがあるバージョンがリリースされるので、大きなバージョンアップをなるべく避けたい場合はLTS版を利用するとよいでしょう。Ubuntuのバージョンは「22.04」（2022年4月リリース）のようにリリース時の「年.月」で表されます。

Lubuntu
<ruby>ル ブ ン ト ゥ</ruby>

　Ubuntuからはさらに多数の派生ディストリビューションが登場しています。例えばLubuntuは、軽量なデスクトップ環境LXQtを採用した、Ubuntuの派生ディストリビューションです（**図10**）。Ubuntuよりも軽快に動作するので、Ubuntuを動かすには厳しい低スペックのパソコンでも快適に利用できます。

図10：LubuntuのWebサイト

Linux Mint

Debian および Ubuntu をベースとしたディストリビューションで、家庭用のディストリビューションとして Ubuntu に次ぐ人気を誇るのが Linux Mint です（**表4**）。簡単に使える強力な OS を目指して開発されています。マルチメディア系に強い点も特徴の1つです。

表4：主な Debian 系ディストリビューション

ディストリビューション	URL
Debian GNU/Linux	https://www.debian.or.jp/
Ubuntu	https://www.ubuntulinux.jp/
Lubuntu	https://lubuntu.me/
Linux Mint	https://linuxmint.com/

01-06 | その他のディストリビューション

Red Hat 系でも Debian 系でもないディストリビューションもあります。

Slackware

もっとも早い時期に登場したディストリビューションの1つが Slackware です。非常にシンプルなパッケージ管理システムを持ち、ディストリビューターによってほとんど改変されていないソフトウェアを扱うことができるため、学習には適しています。Slackware をさらにシンプルかつ軽量にしたものに Slax があります。

openSUSE

ノベルがスポンサーとなって開発されているコミュニティベースのディストリビューションです。サーバー向けに商用製品となった SUSE Linux Enterprise Server はノベルが販売しています。

Gentoo Linux

ジェンツー

　個性の強いディストリビューションで、技術的な理解が十分な場合は、システムハードウェアに最適な環境を構築しやすいのが特徴です（**表5**）。

表5：その他のディストリビューション

ディストリビューション	URL
Slackware	http://www.slackware.com/
Slax	https://www.slax.org/
openSUSE	https://www.opensuse.org/
Gentoo Linux	https://www.gentoo.org/

Column **ディストリビューションとバージョン**

ディストリビューションにはバージョン番号が付けられています。「Debian 12」の「12」、「Red Hat Enterprise Linux 9」の「9」といった番号です（Ubuntuのようにリリース年でバージョンを表すものもあります）。このバージョン番号（メジャーバージョン番号）は、ディストリビューションが大きくバージョンアップしたときに、より大きな数字に変更されます。メジャーバージョンアップには1〜2年以上かかるのが一般的です（半年でバージョンアップするFedoraやUbuntuは例外的です）。

メジャーバージョンが同じであっても、比較的大きな修正が行われたときは「Debian 12.1」「Debian 12.2」のように、「.」以下のマイナーバージョン番号が変更されます。マイナーバージョンが変わっても、ディストリビューションを構成している各ソフトウェアのバージョンは同じで、互換性は保たれています。メジャーバージョンがアップグレードすると、以前のバージョンでは動作していたソフトウェアが動作しなくなったり、設定方法や使い勝手が大きく変わったりすることがあります。ネットや書籍の情報を参考にするときは、どのディストリビューションに向けて書かれたものかだけではなく、バージョンにも留意してください。

02 ✳ Linuxとソフトウェア

02-01 ディストリビューションを構成するソフトウェア

　ディストリビューションについては前のページで説明しましたが、もう少し詳しく見ておきましょう（**図11**）。

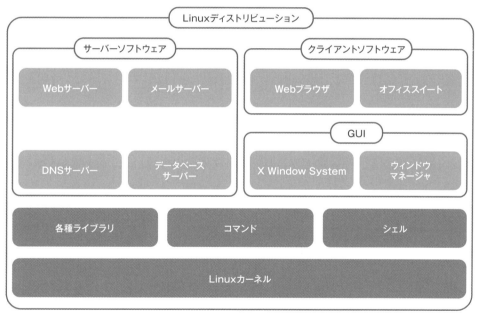

図11：ディストリビューションの構成

シェル

　カーネルと利用者（ユーザー）の仲介をするプログラムです。コマンド

の入力を受け付けて実行したり、簡単な処理を実行したりします。シェルについては第3章で取り上げます。

コマンド

Linuxのコマンドの多くは実行形式のプログラムです。シェルにコマンド名を入力すると、対応するプログラムが実行されます。Linuxのコマンドは数千種類もありますが、もちろん全部を知っておく必要はありませんし、50前後のコマンドを知っていれば、基本的な管理業務はこなせます。

ライブラリ

プログラムの共通部品となるのがライブラリです。プログラムが正常に動作するには、そのプログラムが利用するライブラリも適切なバージョンでインストールされている必要があります（これを依存関係といいます）。Linuxでは主にglibcというC言語のライブラリが用いられています。

GUI

WindowsやmacOSのような、グラフィカルなユーザーインターフェース（GUI）は、X Window SystemやWaylandといった、Linuxカーネルとは別のプログラム群で作られています。そのため、GUIが不要なサーバーではGUIなしの軽量なシステムとして運用できます。GUIの見た目や操作を担当するウィンドウマネージャには数多くの種類があり、それぞれ見た目や操作が大きく異なるものもあります。

クライアントソフトウェア

Webブラウザやオフィススイート、ゲームソフトや各種アプリケーションソフトウェアなど、多数のクライアントソフトウェアが用意されています。Windows用やOS X用のソフトウェアは動きませんが、Webブラウザのchromeやfirefox、オフィススイートのLibreOffice、グラフィックソフトのGIMPなど、WindowsでおなじみのソフトウェアはLinux版も提供されています。

02-02 | カーネル

　ハードウェアやシステム上で動作するプログラムを管理する、OSの中核プログラムがカーネルです（**図12**）。

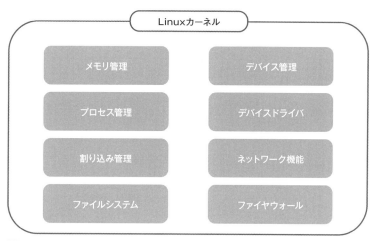

図12：カーネル

　カーネルのバージョンは6.4.9のように、3つの数字で表されます。さまざまな新機能が追加されたときには、「6.3」から「6.4」のように2つめの数字が上がります。「6.4」に対して不具合の修正を行うと、バージョンは「6.4.1」「6.4.2」のようになります。

　カーネルには、リーナス氏がリリースするmainline、安定版のstable、長期サポート版のlongtermなど、いくつかの種類があります。ディストリビューションに組み込まれているカーネルは、ディストリビューターが選択したカーネルに、さらに改修を加えたものです。通常はディストリビューターが提供するカーネルを利用することになります。

> 参考　Linuxカーネルは、kernel.orgで公開されています。ダウンロードして自己責任で使うことはできますが、商用ディストリビューションではサポート対象外になるので注意してください。

02-03 | 主なサーバーソフトウェア

　Linuxディストリビューションには、さまざまなサーバーソフトウェアが標準で用意されています。ディストリビューションによって採用されているソフトウェアに多少の差異はありますが、ここでは代表的なサーバーソフトウェアを見ておきましょう。

Apache HTTP Server
（ア バ ッ チ エイチティティビー サ ー バー）

　Webサーバーのシェアとしては長らく世界一を誇ってきたもっとも普及しているWebサーバーソフトウェアです。Apacheはさまざまなソフトウェアを開発しているプロジェクトですが、その中でもApache HTTP Serverがもっとも有名なため、Apache HTTP Serverを指してApacheと呼ばれることも多いです。

nginx
（エンジンエックス）

　エンジンエックスと読みます。大量の接続があるWebサイトでは、Apacheよりもパフォーマンスがよく、大量の処理を軽快にこなします。リバースプロキシ*7としても使われます。

＊7　大量のアクセスをWebサーバーに代わって受け付け、Webサーバーの負荷を減らすサーバーがリバースプロキシです。

ポストフィックス
Postfix

　Linuxで標準的に使われているメールサーバーです。CentOSにも採用され、標準的に稼働しています。かつての標準メールサーバーはSendmailでしたが、設定がとても煩雑でした。Postfixでは設定がやりやすくなっています。

ダブコット
Dovecot

　メールサーバーに届いたメールをダウンロードするため、メールクライアントが接続する先がPOPサーバーです。また、IMAPというプロトコルを使えば、メールをメールサーバーに置いたままメールの送受信ができます。DovecotはPOPおよびIMAPに対応したメールサーバーです。

バインド
BIND

　ホスト名・ドメイン名とIPアドレスの対応付けを行うDNSサービスを提供するのがDNSサーバーです。BINDはもっとも広く使われているDNSサーバーです。

サンバ
Samba

　Windowsのファイルサーバー機能やActive Directoryのドメインコントローラーを実現するサーバーです。Sambaを導入すると、LinuxサーバーをWindowsサーバーの代替として使うことができます。

スキッド
Squid

　社内から社外へWebアクセスするとき、社内のクライアントに代わってWebサーバーへ代理でアクセスするのがプロキシサーバーです。Webアクセスを高速化したり、特定のWebサイトへの接続を制限したりすることができます。プロキシサーバーとしてもっとも有名なものがSquidです。

2

仮想サーバーを
用意しよう

この章では、学習用に仮想Linuxサーバーをク
ラウドサービス上に用意する方法を見ていきま
す。パソコン上にインストールするよりも手軽
で、インターネットに接続できる環境があればど
こでも学習できます。その反面、セキュリティに
十分配慮する必要もあります。

01 ✳ 学習環境を用意しよう

 01-01 VPSとローカルの仮想サーバー

　Linuxの学習をするために専用のパソコンを用意してLinuxをインストールする、というのは昔の話になりました。今は仮想環境でLinuxを用意するのが一般的でしょう。仮想のLinuxサーバーを用意する場合、パソコン上（ローカル）に用意する方法と、インターネット上のサーバーを借りる方法があります。インターネット上のサーバーを借りる場合も、いくつかの方法があります。

レンタルサーバーを借りる

　事業者が用意したサーバーを借りるのがレンタルサーバーです。1台の物理的なサーバーを丸ごと借りる方法（専用サーバー）と、何人かで共用する方法（共用サーバー）があります。専用サーバーはLinuxサーバー1台を自由に扱えますが、比較的高価格で、セキュリティに配慮し責任を持って管理する必要があります。共用サーバーはそれよりも低価格ですが、自由度が低くなり、できることが制限されます。

VPSを借りる

　専用サーバーと共用サーバーの良いとこ取りをしたものがVPS（Virtual Private Server）です（**図1**）。仮想化ソフトウェアを使って仮想的なサーバーを用意し、それを借りる方法です。利用者にとっては、専用サーバーを借りているのと同様の自由度がありますが、物理的なサーバーを占有するわけではないので、価格は専用サーバーを借りるよりも安くなります。

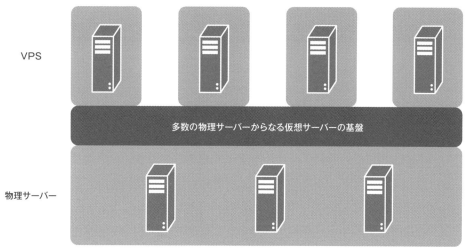

VPS

多数の物理サーバーからなる仮想サーバーの基盤

物理サーバー

図1：VPSのイメージ

　VPSはあくまでソフトウェア的に作り出されたサーバーですが、使い勝手は実際のサーバーと変わりありません。

　本書ではVPSを使ってサーバー構築の流れを見ていきますが、VPSへアクセスするためインターネット接続できる環境が必要です。インターネットへ接続できない環境で学習をしたい場合は、付録に書いてある方法で、ローカルに仮想マシンを用意し、ローカル環境で学習を進めてください。

01-02 さくらのVPS

　VPSを提供している会社はたくさんありますが、ここでは価格やスペックが手頃でユーザー数も多い、さくらインターネットのVPSを取り上げます。いくつかのプランがありますが、本書ではメモリ1GBのプランを選択するものとします（**表1**）[1]。

---

[1] メモリ512MBのプランでは本書の内容の一部が実行できません。また、Rocky Linux 9はメモリ要件を1.5GB以上としていますので、2GBプランを選んでもかまいません。

表1：執筆時点でのさくらのVPSのプラン（一部抜粋）

プラン	CPU	メモリ	SSD容量	月額（石狩）	月額（大阪）	月額（東京）
512MB	仮想1Core	512MB	25GB	590円	616円	641円
1GB	仮想2Core	1GB	50GB	807円	858円	908円
2GB	仮想3Core	2GB	100GB	1,594円	1,694円	1,795円

　さくらのVPSは、申し込みから2週間にわたって「お試し」利用ができます。お試し期間終了時にキャンセルせずにいると、そのまま自動的に本契約となります。本書の内容は2週間あれば十分に試せると思います。引き続き利用するかどうかは、その時点で判断してください。

　なお、申し込みにあたってはクレジットカードが必要になります。銀行振込等では「お試し」利用ができませんので注意してください。

01-03 | VPSに申し込む

　まず、https://vps.sakura.ad.jp/ にアクセスします（**図2**）。

図2：さくらのVPSトップページ

「お申し込み」ボタンをクリックすると、サーバー作成の画面になります（**図3**）。OSは、デフォルトの「Rocky Linux」を選択します。バージョンは「9 x86_64」です（執筆時点でのデフォルトです）。

図3：OSの選択

サーバーのプランは「1Gプラン」を選択します（**図4**）*2。

図4：サーバーのプランの選択

次にリージョンを選びます。リージョンとはデータセンターの場所です。近い方が応答速度が速い傾向がありますが、価格が異なりますので

---

*2　Rocky Linux 9は動作要件をメモリ1.5GB以上としているので、2GBのプランを選択してもかまいません。本書は1GBプランで動作することを確認しています。

（石狩、大阪、東京の順に高くなります）、お好きな場所を選択してください。この例では石狩第1を選択しています（**図5**）。

図5：リージョンの選択

　サーバーの管理ユーザーは、デフォルトで「rocky」ユーザーとなっています（**図6**）。rockyユーザーのパスワードを自分で入力するか、自動生成させてください。必要なら「管理ユーザーのパスワードをダウンロード」することもできます。

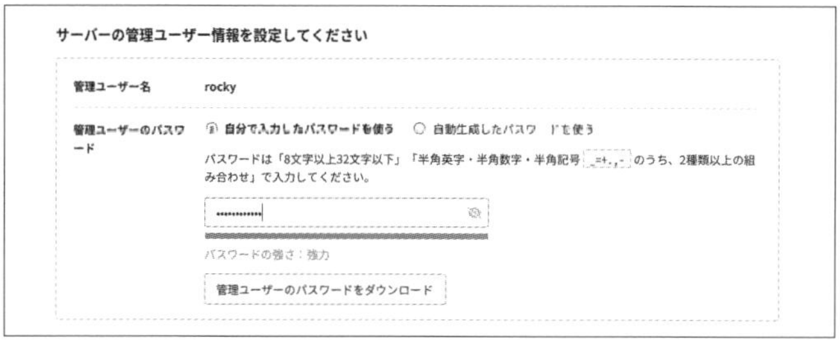

図6：サーバーの管理ユーザー

　サーバーに関する設定はそのままでかまいませんが、ここではサーバー名を「rocky9」に変更しています（**図7**）。ここまで設定できたら「お支払い方法選択へ」ボタンをクリックします。

図7：サーバーに関する設定

　さくらインターネット会員認証画面になりますので「新規会員登録」を選択します（**図8**）。連絡先メールアドレスを入力し、「個人情報の取り扱いについて」に同意するチェックボックスをクリックし、「会員登録のご案内メールを送信」ボタンをクリックします。

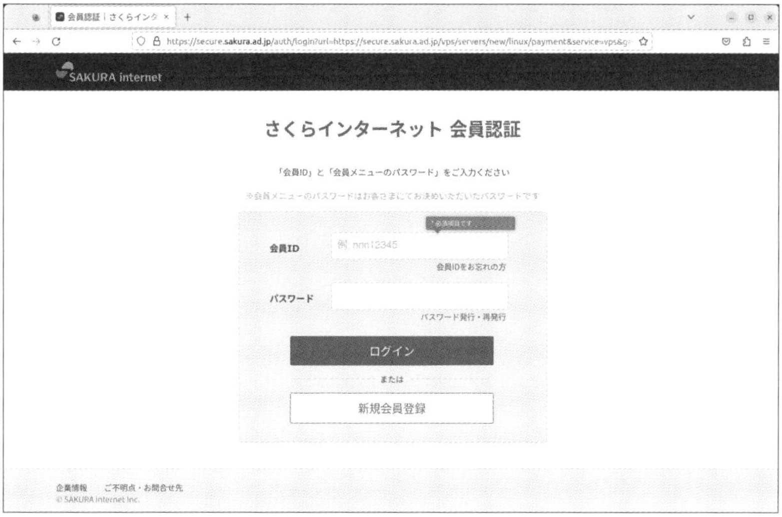

図8：さくらインターネット会員認証画面

　メールが送られてくるので、リンクをクリックすると、会員情報の入力画面になります（**図9**）。必要な情報を入力して「確認画面へ進む」をクリックして確認画面へ進みます。入力内容を確認し、問題がなければ「会

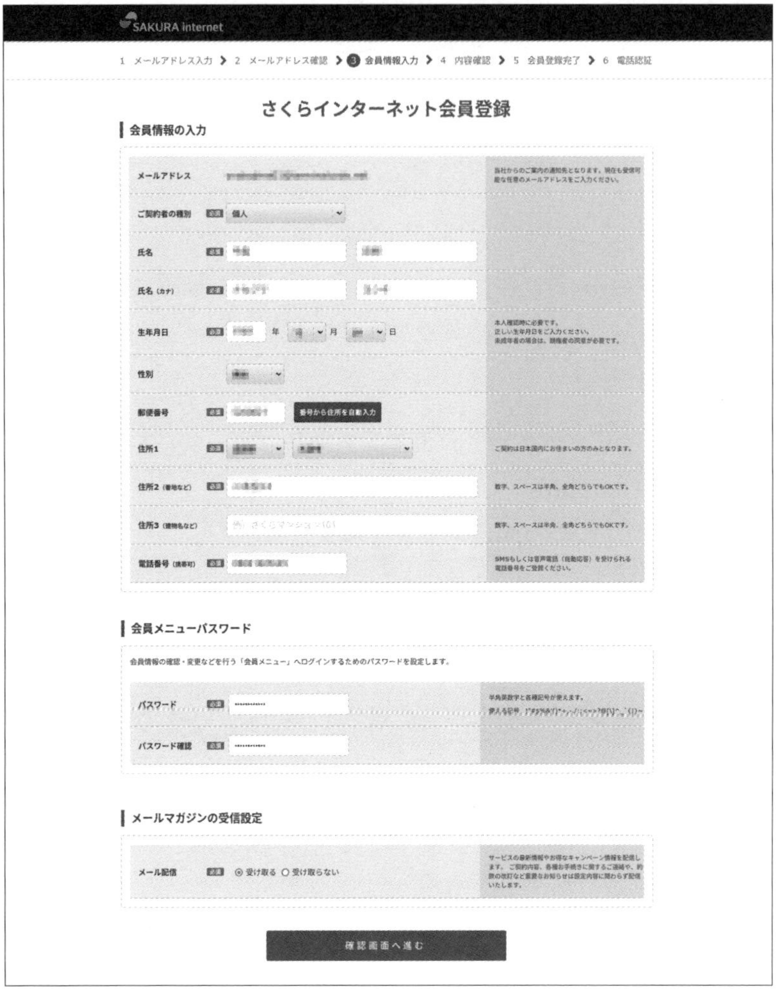

図9：さくらインターネット会員登録

　員登録をする」をクリックして会員登録してください。電話認証の手続き
後、支払い方法や決済情報を登録します。最後にサーバー情報が表示され
ますので、「サーバー一覧に進む」をクリックして進めます。
　　以上の手順は本書執筆時点のものであり、変更されることがあります。
そのときは本書の指定にもっとも近いプラン等を選択するようにしてくだ
さい。

02 ✳ VPSの起動と操作

02-01 | VPSの起動

　VPSの操作はWebのコントロールパネルから行います[3]。さくらのVPS
コントロールパネル（https://secure.sakura.ad.jp/vps/login）にログイン
すると、サーバー一覧が表示されます（**図10**）。

図10：サーバー一覧

　一覧に表示されているサーバー（rocky9）をクリックすると、サーバー
（VPS）の詳細が表示されます（**図11**）。

---

[3] ログイン情報は、さくらインターネットから届くメールに記載されています。

図11：サーバー詳細

　「電源操作」メニューから「起動する」を選択します（**図12**）。「起動」
ウィンドウが開きますので「実行」をクリックします。しばらくすると
サーバーが起動し、左上のステータスが「稼働中」になります。

図12：サーバーを起動

02-02 │ VNC コンソール

　サーバーが起動したらログインしてみましょう。「コンソール」メニューから「VNC コンソール」を選択すると、別ウィンドウが開いてログイン画面（**図13、14**）になります。ユーザーネームは「rocky」を入力し、サーバー設定時に設定したrockyユーザーのパスワードを入力してログインしてみてください[4]。

図13：VNC コンソールを起動

図14：VNC コンソール上のログイン画面

注!意　インストール直後のVPSはシステムが最新ではないため、以下のコマンドを実行してシステムを最新の状態にしておくことを強くお勧めします。

システムを最新の状態にアップデートする

```
$ sudo dnf -y update
```

---

[4] パスワードは画面には表示されないのでご注意ください。

VNCコンソールでの接続を終了するには、exitコマンドを実行します。

接続を終了する

```
$ exit
```

するとログイン画面に戻りますので、VNCコンソールのウィンドウを閉じてください。

参考　VNCとは、コンピューターの画面を仮想的に別のコンピューターに転送し、操作できるようにする仕組みです。Linuxマシンに直接接続された入出力装置をコンソールといいますが、そのコンソールをWebブラウザ上に再現するのがVNCコンソールです。

 02-03 | SSHの準備

SSHは、クライアントPCとサーバーの間で安全な通信を行うための仕組みです。経路上の通信が暗号化されるので、万が一通信が盗聴されたとしても安全性が保たれます。

SSHの概要を以下に示します（**図15**）。接続先のサーバー側でSSHサーバーサービスが動作していて、クライアントからの接続を待ち受けています。SSHクライアントで接続すると、ネットワーク経由でLinuxサーバーにログインし、コマンドによる作業を実施できます。

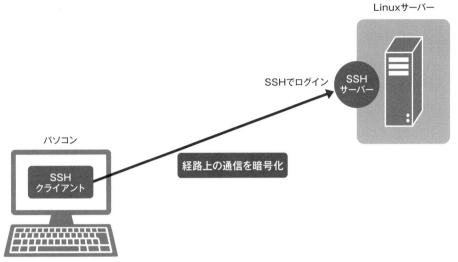

図15：SSHサーバーとSSHクライアント

SSHサーバーとSSHクライアントの間の通信は自動的に暗号化されます。また、SSHで接続する際には、接続先サーバーが本物かどうか（偽サーバーに誘導されていないか）をチェックする機能もあります。SSHは、安全にLinuxサーバーをリモート管理するのに必須のソフトウェアです。

 参考　離れた場所のコンピューターをネットワーク経由で管理することをリモート管理といいます。

Linuxサーバーには通常、SSHソフトウェアが用意されています。また、macOSにもSSHクライアントが標準で用意されています。Windowsもコマンドラインの SSHクライアントは用意されていますが、GUI対応のSSHクライアントを入手してインストールするとよいでしょう。

02-04 SSHクライアントの準備

　VPSサーバーを操作するのにこのままVNCコンソールを使ってもいい
のですが、あまり使い勝手がよいとはいえませんので、PCからVPSサー
バーにアクセスするためのソフトウェア（SSHクライアント）を準備しま
しょう。ここで取り上げるTera Term（テラターム）は、SSHプロトコル
を使ってサーバーに遠隔ログインできるSSHクライアントです。Tera
Termは次のサイトからダウンロードできます（**図16**）。

▼Tera Termプロジェクト
　URL　https://github.com/TeraTermProject/osdn-download/releases

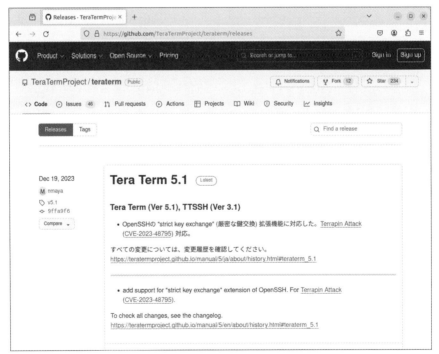

図16：Tera Termプロジェクト日本語トップページ

本書執筆時点（2024年2月現在）、最新版はバージョン5.1です。
「teraterm-5.1.exe」をクリックしてダウンロードします。ダウンロードし
たファイルのアイコンをダブルクリックするとインストールが始まります
（**図17**）。デフォルト設定のまま進めてかまいません。

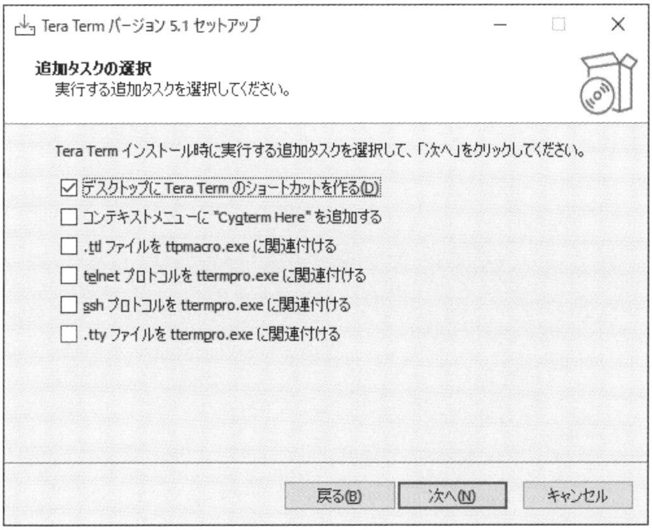

図17：Tera Termのインストール

Tera Termのインストールが完了したら、Tera Termを起動しましょ
う。「新しい接続」というウィンドウが表示されます（**図18**）。

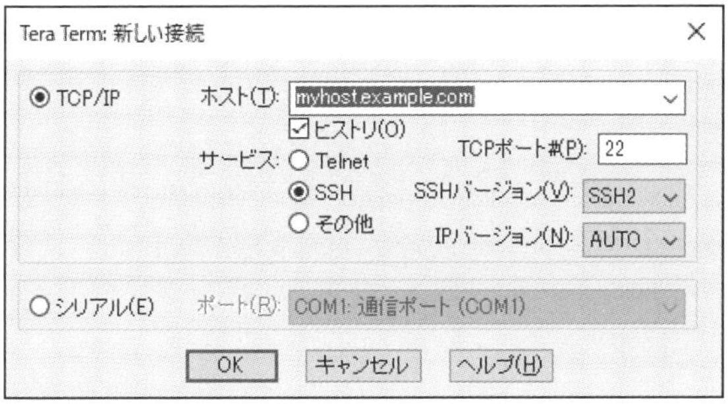

図18：新しい接続

　ホスト欄にVPSのIPアドレス（IPアドレスはサーバー詳細の画面で確認できます）を指定し「OK」ボタンをクリックすると、接続が開始されます。はじめて接続するときは**図19**のような「セキュリティ警告」ウィンドウが表示されます。SSHは接続先ホストが本物かどうかを認証する機能がありますが、初回接続時はそのための情報が存在しないため、警告が表示されるのです。下部にある「このホストをknown hostsリストに追加する」にチェックが入っている場合は、次回からこの画面は表示されなくなるはずです。「続行」ボタンをクリックして次に進みます。

図19：SSH認証

　次に、ログインするユーザー名とパスフレーズを入力します（**図20**）。ユーザー名「rocky」とパスフレーズを入力して「OK」ボタンをクリックすると、VPSにログインできます（**図21**）。

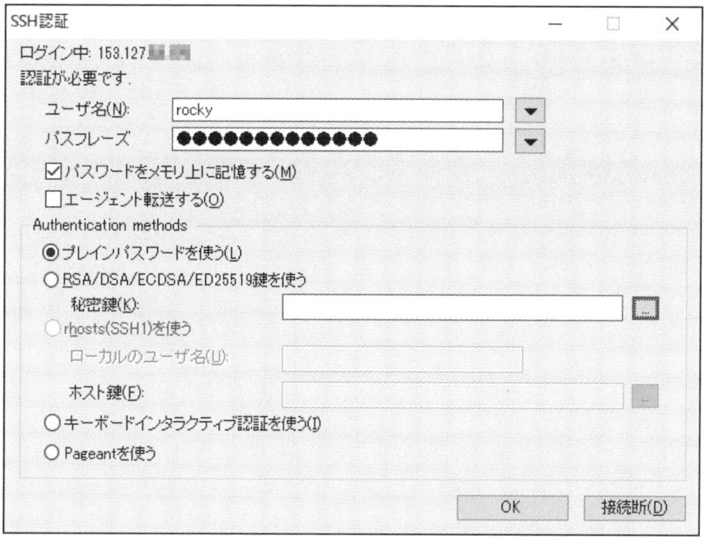

図20：ログイン

図21：ログイン後のTera Term

　最後に、次の章以降の演習に必要となる操作をしておきます。以下のコマンドを実行してください。

必要なソフトウェアを導入

```
$ sudo dnf install -y tar nano
Last metadata expiration check: 1:59:19 ago on Tue 02 Jan 2024 09:13:18 PM JST.
Dependencies resolved.
（以下省略）
```

　作業が終了したらexitコマンドを実行しログアウトします（ウィンドウは自動的に閉じられます）。

ログアウト

```
$ exit
```

3

基本的なコマンド を覚えよう

この章では、Linux を操作するための基本的なコマンドを紹介します。コマンド操作に慣れている方は、斜め読みで飛ばして次の章に進んでください。

01 ✳ コマンド操作の基本

01-01 | シェルとコマンド

　Linuxではコマンド操作が基本です。コマンドの実体はプログラムです。コマンドを入力してEnterキーを押すと、該当するコマンドが実行されます。コマンドを受け付けて実行するソフトウェアをシェルといいます（**図1**）。

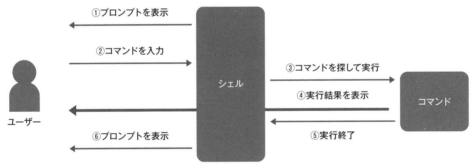

図1：シェル

　シェルにはいろいろな種類がありますが（**表1**）、もっとも広く使われているのがbashです。Rocky Linuxでもbashが標準シェルです。

表1：シェルの種類

シェル	説明
sh	Bourneシェル。UNIX系OSで古くから使われているシンプルなシェル。機能は少ない
bash	Bourneシェルを大幅に改良したシェル（Bourne Again SHell）。多くのディストリビューションで標準となっている
csh	BSD系UNIXで使われてきたシェル。sh系とはスクリプトが異なっている
tcsh	cshを改良したシェル

シェル	説明
ksh	Bourneシェルを拡張したシェル
ash	shの代替となる、小型かつ高速なシェル
dash	Debian版のash。スクリプトの実行が高速な軽量シェル
zsh	kshにbashやtcshの機能を取り入れた非常に強力なシェル

　コマンドには、コマンド名と同じファイル名の外部コマンドと、シェルに内蔵されている内部コマンド（組み込みコマンド）があります。入力したコマンドがインストールされていない場合や、スペルミスをしている場合、次のようなメッセージが表示されます。なお、Linuxでは、コマンドやファイル名などは大文字と小文字が区別されます。

コマンドが見つからないエラー1

```
$ datw
-bash: datw: command not found ●──── dateコマンドを入力ミスした
```

コマンドが見つからないエラー2

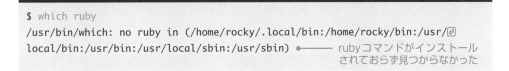

```
$ which ruby
/usr/bin/which: no ruby in (/home/rocky/.local/bin:/home/rocky/bin:/usr/⏎
local/bin:/usr/bin:/usr/local/sbin:/usr/sbin) ●──── rubyコマンドがインストール
                                                     されておらず見つからなかった
```

　コマンドには、オプションや引数（ひきすう）を指定できます。コマンドによって、引数が必須のもの、オプションが必須のもの、引数やオプションが存在しないもの、などがあります。ほとんどの場合は引数よりも先にオプションを指定します。

書式 **コマンド　［オプション］　［引数］　（［］は省略可能を意味します）**

01-02 シェルの便利な機能

コマンドライン操作を効率よく行えるよう、シェルにはさまざまな機能が備わっています。

補完機能

コマンドやファイル名など、入力中の文字列を自動的に補完する機能です。入力中にTabキーを押すと、残りの部分が自動的に補完されます。

Tabキーによる補完

入力時点での候補が複数ある場合は、Tabキーを押しても反応がありません。Tabキーを2回押すことで、その時点での候補がすべて表示されます。

Tabキーによる補完候補の表示

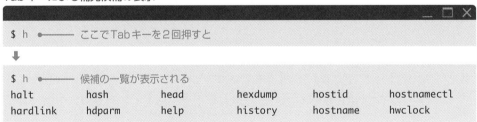

補完機能は入力の効率を上げることに加えて、入力ミスを減らすためにも必要です。積極的に活用してください。

コマンド履歴

　実行したコマンドは保存されていて、後から呼び出すことで再入力の手間が省けます。カーソルキーの「↑」（またはCtrl＋Pキー）を押すと、最近実行したコマンドからさかのぼって表示されます。「↓」（またはCtrl＋Nキー）を押すと逆順、つまり古いものから新しいものへと表示されます。目的のコマンドが表示された時点でEnterキーを押すと、コマンドが再実行されます。

　効率よくコマンド履歴を検索するには、インクリメンタル検索を利用します。Ctrl＋Rキーを押すと、次のような状態になります。

インクリメンタル検索

```
(reverse-i-search)`':
```

　1文字入力するごとに、その時点でのコマンドの候補が表示されます。入力を進めるごとに候補が絞り込まれていくわけです。インクリメンタル検索を途中で終了するにはCtrl＋Cキーを押します。

参考　コマンド履歴はデフォルトで1000行保存されます。増やしたい場合は環境変数で設定を変更します。P.50を参照してください。

参考　コマンド履歴は、シェルを終了する時点でホームディレクトリ（P.54参照）内の.bash_historyファイルに保存されます。

01-03 パイプとリダイレクト

　Linuxでは、コマンドの出力先を画面上からファイルに切り替えたり、別のコマンドへとつないだりすることが簡単にできます。シンプルな動作のコマンドをいくつも連携させ、システム管理者が求める複雑な操作をすることができます。

書式	**コマンド1　｜　コマンド2**

　パイプ「｜」を使うと、コマンドの出力を別のコマンドへと渡して処理させることができます。例えば、以下のようにファイルの一覧を表示するlsコマンドと、行数・単語数・バイト数を表示するwcコマンドを連携させてみます（-lは行数表示のためのオプションです）。

パイプでlsコマンドとwcコマンドをつなぐ

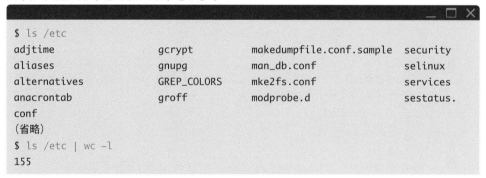

```
$ ls /etc
adjtime            gcrypt          makedumpfile.conf.sample  security
aliases            gnupg           man_db.conf               selinux
alternatives       GREP_COLORS     mke2fs.conf               services
anacrontab         groff           modprobe.d                sestatus.
conf
（省略）
$ ls /etc | wc -l
155
```

　このようにすると「ファイル数を数える」ことができるわけです。
　パイプが使われるケースとしては、行数が多くスクロールアウトしてしまう表示を、lessコマンドを使って1ページずつ表示する、ということがあります。次のコマンドを実行すると、lsコマンドの実行結果をlessコマンドで受けて1ページずつ表示できます。

/etcディレクトリのファイル一覧をlessコマンドで表示

```
$ ls -l /etc | less
```

注意 lessコマンドについてはP.58を参照してください。

　コマンドの実行結果をファイルに保存したいときに使うのがリダイレクトです。リダイレクトにはいろいろな書き方がありますが、とりあえず「>」と「>>」のみ知っておけばよいでしょう。

書式 **コマンド ＞ 出力先ファイル名**
コマンド ＞＞ 出力先ファイル名

　例えば次の例では、lsコマンドの実行結果をfilelistsという名前のファイルに保存しています。

/etcディレクトリのファイル一覧をfilelistsファイルに保存

```
$ ls /etc > filelists
```

　通常は画面上に出力されるlsコマンドの実行結果が、指定されたファイル（ここではfilelists）に書き込まれます（ファイルが存在しない場合は新規にファイルが作られます）。「>」の代わりに「>>」を使うと、ファイルを上書きするのではなく、ファイルの末尾に追記します。

01-04 メタキャラクタの利用

　シェル上では特殊な意味を持つ記号をメタキャラクタといいます。その中でも、ファイル名のパターンを表す特殊な記号をワイルドカードといい

ます。シェルのメタキャラクタを使うと、パターンに一致する複数のファイルを一括して扱うことができます。例えば、/etcディレクトリ以下から、ファイル名の末尾が「.conf」のファイルだけを表示したいのであれば、次のようにします。

ファイル名の末尾が「.conf」のファイルだけを表示

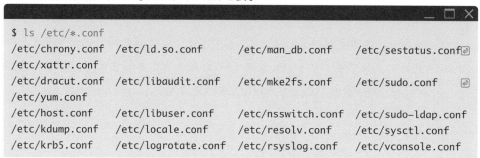

```
$ ls /etc/*.conf
/etc/chrony.conf    /etc/ld.so.conf      /etc/man_db.conf     /etc/sestatus.conf⏎
/etc/xattr.conf
/etc/dracut.conf    /etc/libaudit.conf   /etc/mke2fs.conf     /etc/sudo.conf     ⏎
/etc/yum.conf
/etc/host.conf      /etc/libuser.conf    /etc/nsswitch.conf   /etc/sudo-ldap.conf
/etc/kdump.conf     /etc/locale.conf     /etc/resolv.conf     /etc/sysctl.conf
/etc/krb5.conf      /etc/logrotate.conf  /etc/rsyslog.conf    /etc/vconsole.conf
```

「*」は「0文字以上の任意の文字列」を表すメタキャラクタです。文字数を限定したい場合は「任意の1文字」を表すメタキャラクタ「?」を使います。次の❶の例では、/etcディレクトリ以下からファイル名が「h」で始まるファイルを表示し、次に❷ではファイル名が「h」で始まり、ファイル名の長さが5文字のファイルを表示しています。

メタキャラクタ「*」と「?」の使い方

```
$ ls /etc/h*  ━━━━━ ❶
/etc/host.conf  /etc/hostname  /etc/hosts
$ ls /etc/h????  ━━━━━ ❷
/etc/hosts
```

注意 「*」は0文字以上を表すので、例えば「*.txt」は「.txt」、「a.txt」、「abc.txt」などにマッチします。

02 ✳ 環境変数

02-01 | Linuxの環境変数

　シェルの状態や設定値は、環境変数と呼ばれる変数（名前付きの入れ物）に保存されます（**表2**）。

表2：主な環境変数

環境変数	説明
PATH	コマンドやプログラムを検索するディレクトリのリスト
USER	現在のユーザー名
LANG	地域設定（言語処理方式）
HOME	現在のユーザーのホームディレクトリ
HISTSIZE	コマンド履歴の最大値
HISTFILE	コマンド履歴を格納するファイル
EDITOR	標準エディタ

　環境変数の値を表示するにはechoコマンドを使います。環境変数は「$HISTSIZE」のように、環境変数名の頭に「$」記号を付けます。

書式　**echo $環境変数名**

環境変数HISTSIZEの値を表示する

```
$ echo $HISTSIZE
1000
```

　　HISTSIZEはシェルのコマンド履歴を保持しておく最大値が格納されている環境変数です。値を変更するには、exportコマンドを使います。このとき、環境変数名に「$」を付けない点に注意してください。

[書式]　**export　環境変数名**

環境変数HISTSIZEの値を2000とする

```
$ export HISTSIZE=2000
```

　　設定した値は、シェルが終了するまで有効です。次回ログイン以後も設定を有効にしたい場合は、「export HISTSIZE=2000」のような設定を、ホームディレクトリにある「.bash_profile」というファイルの末尾に追加してください。

03 ✳ ファイルとディレクトリ の操作

 03-01 │ Linux のファイル

Linux で扱われるファイルを分類すると4種類になります（**表3**）。

表3：ファイルの種類

ファイルの種類	説明
通常ファイル	文字列が読み書きできるテキストファイルと、プログラムやデータが格納されたバイナリファイル
ディレクトリ	ファイルを格納するフォルダ
リンクファイル	ファイルに別名を付ける仕組み。ハードリンクとシンボリックリンクがある
特殊ファイル	デバイスを表すデバイスファイルや特殊な用途のファイル

通常ファイル、ディレクトリ、リンクファイルはWindowsでもありますが、デバイスファイルはUNIX系OS特有です。Linuxでは、すべてをファイルで表します。コンピューターに接続されているデバイス、例えばキーボードやモニタ、プリンターも、それぞれに対応したデバイスファイルがあります。プリンターを表すデバイスファイルに文字を書き込むとプリンターから出力される、といったイメージです。すべてをファイルとして抽象化することで、デバイスの扱いをシンプルにしているのです。

Windowsでは「.txt」「.exe」といった拡張子が意味を持ち、アプリケーションと関連付けられていますが、Linuxではファイル名の一部にすぎません[*1]。

Linuxでのファイル名は、大文字と小文字が区別されます。また、「.」で

[*1] 本書ではWindowsと同様に「拡張子」と呼んでいますが、正しくはsuffix（接尾辞）といいます。

始まる名前のファイルやディレクトリは隠しファイル（隠しディレクトリ）となり、通常の操作では表示されなくなります。そういったファイルの多くは設定ファイルです（誤操作で消してしまわないように）。

 03-02 ディレクトリの構造

　Linuxでは、ディレクトリがツリー状の階層構造になっています（ディレクトリツリー）（**図2**）。すべてのディレクトリの頂点になる、つまり全ディレクトリを格納しているトップディレクトリをルートディレクトリといいます。ルートディレクトリは「/」で表します。

/	
bin	一般ユーザーが実行できるコマンド
boot	Linuxの起動に必要なファイル
etc	システムの設定ファイルなど
home	一般ユーザーのホームディレクトリを格納
lib	ライブラリ
proc	プロセス情報
root	rootユーザーのホームディレクトリ
sbin	管理者ユーザーが実行できるコマンド
tmp	一時的なファイル置き場（temporary）
var	ログファイルなど書き換えが発生するファイル

図2：Linuxの主なディレクトリ

　ファイルやディレクトリの場所はパスで表します。ルートディレクトリを起点として表す絶対パスと、カレントディレクトリ（P.53を参照）を起点として表す相対パスがあります。コマンドでファイルやディレクトリを指定する際は、いずれの方法を使ってもかまいません。ケースバイケースで、短く表せる方か、わかりやすい方かを指定するとよいでしょう。

絶対パス

「/」で始まり、目的のファイルやディレクトリまでの道筋を「/」で区切って表します。例えば、ルートディレクトリ直下にあるhomeディレクトリ内にあるrockyディレクトリは「/home/rocky」と表します（**図3**）。絶対パスはファイルやディレクトリを一意に（重複なしに）指定できます。

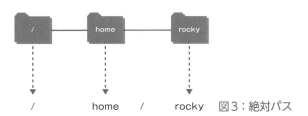

図3：絶対パス

相対パス

コマンドライン操作では、ユーザーはいずれかのディレクトリを作業場所としており、そのディレクトリをカレントディレクトリ（またはカレントワーキングディレクトリ）といいます。相対パスは、カレントディレクトリを起点にファイルやディレクトリまでの道筋を表します。例えば、カレントディレクトリが/home/rockyであれば、絶対パスでの「/home/rocky/tmp/a.txt」は、相対パスでは「tmp/a.txt」と表せます（**図4**）。

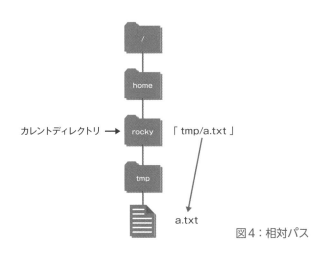

図4：相対パス

　絶対パスと違って、相対パスはファイルやディレクトリの場所を一意で表しません。例えば、カレントディレクトリが/homeであれば、先の例の相対パスは「rocky/tmp/a.txt」となります。カレントディレクトリはpwdコマンドで確認できます。

カレントディレクトリを確認

```
$ pwd
/home/rocky
```

ホームディレクトリ

　ユーザーがログインしたときにカレントディレクトリとなるディレクトリをホームディレクトリといいます。Linuxでは通常、「/home/ユーザー名」がホームディレクトリとなります。ホームディレクトリは個々のユーザー専用スペースで、他のユーザーはアクセスできないようになっています。自由にファイルを配置してかまいませんが、システムによってはユーザーごとに利用サイズの上限を設けていることもあります。

　ホームディレクトリには、ユーザーの環境（言語設定や環境変数など）を設定するためのファイルがたくさん配置されています。それらのファイルの多くは「.」で始まるファイルやディレクトリとなっているので、通常の操作では見ることができません。

03-03 ファイル操作コマンド

　ファイルの一覧を表示するには、lsコマンドを使います。

書式　**ls [オプション] [ファイル名またはディレクトリ名]**

オプションなしでlsコマンドを実行すると、カレントディレクトリにあるファイル一覧が表示されます。ディレクトリを指定すると、指定したディレクトリ内のファイル一覧が表示されます。

ルートディレクトリ直下のファイル一覧

```
$ ls /
afs   boot  etc   lib     lost+found  mnt  proc  run   srv   tmp  var
bin   dev   home  lib64   media       opt  root  sbin  sys   usr
```

詳細な情報を見るには-lオプションを付けます。

ルートディレクトリ直下のファイル詳細一覧

```
$ ls -l /
total 64
dr-xr-xr-x.    2 root root  4096 May 16  2022 afs
lrwxrwxrwx.    1 root root     7 May 16  2022 bin -> usr/bin
dr-xr-xr-x.    5 root root  4096 Aug 12 15:19 boot
drwxr-xr-x    19 root root  3160 Aug 17 11:04 dev
drwxr-xr-x.   96 root root  4096 Aug 17 11:04 etc
drwxr-xr-x.    3 root root  4096 Jun  8 16:19 home
lrwxrwxrwx.    1 root root     7 May 16  2022 lib -> usr/lib
lrwxrwxrwx.    1 root root     9 May 16  2022 lib64 -> usr/lib64
drwx------.    2 root root 16384 Jun  8 16:16 lost+found
drwxr-xr-x.    2 root root  4096 May 16  2022 media
drwxr-xr-x.    2 root root  4096 May 16  2022 mnt
drwxr-xr-x.    2 root root  4096 May 16  2022 opt
dr-xr-xr-x  151 root root     0 Aug 17 11:04 proc
dr-xr-x---.    3 root root  4096 Aug 16 21:56 root
drwxr-xr-x   28 root root   760 Aug 17 11:04 run
lrwxrwxrwx.    1 root root     8 May 16  2022 sbin -> usr/sbin
drwxr-xr-x.    2 root root  4096 May 16  2022 srv
dr-xr-xr-x   13 root root     0 Aug 17 11:04 sys
drwxrwxrwt.   10 root root  4096 Aug 17 11:05 tmp
drwxr-xr-x.   12 root root  4096 Jun  8 16:17 usr
drwxr-xr-x.   20 root root  4096 Aug  1 11:42 var
----
dr-xr-xr-x.    5 root root  4096 Aug 12 15:19 boot
              ①   ②    ③     ④    ⑤      ⑥       ⑦
```

①ファイルの種別とアクセス権
②リンク数
③ファイルの所有者
④ファイルの所有グループ
⑤ファイルサイズ
⑥最終更新日時
⑦ファイル名

ファイルをコピーするにはcpコマンドを使います。

書式 **cp コピー元ファイル名 コピー先ファイル名**

/etc/hostsファイルをhosts2という名前でコピー

```
$ cp /etc/hosts hosts2
```

コピー先にディレクトリ名を指定した場合は、同じファイル名でコピーされます。ディレクトリ名として「.」を指定すると、カレントディレクトリの意味になります。

/etc/hostsファイルをカレントディレクトリに同じファイル名でコピー

```
$ cp /etc/hosts .
```

ファイルを移動するにはmvコマンドを使います。

書式 **mv 移動元ファイル名 移動先ファイル名**

hosts2ファイルを/tmpディレクトリに移動

```
$ mv hosts2 /tmp
```

mvコマンドの場合、移動元ファイルは削除されるので、そのファイルを削除する権限がない場合はコマンドの実行が失敗します。

/etc/hostsファイルは移動できない

```
$ mv /etc/hosts /tmp
mv: cannot move '/etc/hosts' to '/tmp/hosts' : Permission denied
```

mvコマンドはファイル名の変更にも使います。

書式 **mv 元ファイル名　新ファイル名**

hostsファイルをrenamehostsに変更

```
$ ls
hosts
$ mv hosts renamehosts
$ ls
renamehosts
```

　　ファイルを削除するにはrmコマンドを使います。rmコマンドを使って
削除したファイルは、すぐに消えてしまいます（ゴミ箱のような仕組みは
なく、確認メッセージが表示されることもありません）。操作する際は慎
重に行ってください。

書式 **rm ファイル名**

renamehostsファイルを削除

```
$ rm renamehosts
```

　　ファイルの種類を確認するには、fileコマンドを使います。

ファイルの種類を確認

```
$ file /etc/hosts
/etc/hosts: ASCII text  ●——— ASCII テキストファイル
$ file /bin/ls
/bin/ls: ELF 64-bit LSB pie executable, x86-64, version 1 (SYSV), dynamically ↩
linked, interpreter /lib64/ld-linux-x86-64.so.2, BuildID[sha1]=cedbe8d7fb5757↩
dd39992c1524f8d362adafcf41, for GNU/Linux 3.2.0, stripped ●—— バイナリ実行ファイル
```

ファイル閲覧コマンド

テキストファイルの内容を表示するには、cat コマンドを使います。

/etc/redhat-release ファイルの内容を表示する

```
$ cat /etc/redhat-release
Rocky Linux release 9.2 (Blue Onyx)
```

cat コマンドでは、行数の多いファイルの場合、あっという間に内容が
スクロールして流れてしまいます。less コマンドを使うと、最初の1画面
分だけが表示されます（**図5**）。スペースキーを押せば次のページが見られ
ます。また、カーソルキーの上下でスクロールすることもできます。

less コマンドで/etc/services ファイルを開く

```
$ less /etc/services
```

図5：less コマンドで/etc/services ファイルを開く

lessコマンドはQキーを押すまで終了しません。lessコマンド実行中に使える主な操作を**表4**にまとめておきます。

表4：lessコマンドの主な操作

キー操作	説明
SPACE	次のページを表示する
↑	上方向に1行スクロールする
↓	下方向に1行スクロールする
F	次のページを表示する（SPACEと同じ）
B	前のページを表示する
Q	lessコマンドを終了する

この操作は、コマンドのマニュアルを調べるmanコマンドなどとも共通しています＊2。

 03-05 ディレクトリ操作コマンド

ディレクトリを作成するにはmkdirコマンドを使います。

書式 **mkdir ディレクトリ名**

tempディレクトリを作成

```
$ mkdir temp
```

ディレクトリをコピーするには、cpコマンドに-rオプションを指定します。

＊2 manコマンドがlessコマンドを使ってマニュアルを表示します。ただし、設定によってless以外のコマンドに変更できます。

tempディレクトリをdataディレクトリとしてコピー

```
$ cp -r temp data
```

　　ディレクトリを削除するには、rmdirコマンドを使います。ただし削除
対象ディレクトリ内にファイルが残っていないようにします。中にある
ファイルごと削除するには、-rオプションを指定してrmコマンドを実行
します。

 書式
rmdir　削除ディレクトリ名
rm　-r　削除ディレクトリ名

tempディレクトリを削除

```
$ rm -r temp
```

注 意　ディレクトリ内のファイルの有無にかかわらず、rm -rコマンドであれば削除できるの
　　　で、通常はこちらのコマンドのみ使うとよいでしょう。

参 考　rmコマンドでファイルを削除するとき、ファイルを削除してよいかどうかの確認が出
　　　てきます。-fオプションを追加すると、確認なしで削除できますが、その分注意が必要
　　　です。

 03-06 | 圧縮ファイルの展開

　　Linuxでは、よく使われるファイルの圧縮形式として4種類があります。
それぞれの形式はファイル名（拡張子）で区別できます（**表5**）。

表5：ファイルの圧縮・展開コマンド

拡張子	圧縮コマンド	展開コマンド
.zip	zip	unzip
.gz	gzip	gunzip
.bz2	bzip2	bunzip2
.xz	xz	xz -d

　多くはgzipもしくはbzip2による圧縮です。最近ではxzを使った、より効率の高い圧縮が広まってきています。

　ファイルを圧縮する例として、適当なファイルを圧縮してみましょう。

/etc/servicesファイルをカレントディレクトリにコピー

```
$ cp /etc/services .
$ ls -l services
-rw-r--r-- 1 rocky rocky 692252 Aug 10 11:08 services
```

servicesファイルをgzipコマンドで圧縮

```
$ gzip services
$ ls
services.gz
```

　圧縮前のファイルは削除され、圧縮されたファイルが生成されます。ファイル名は、元のファイル名に「.gz」が自動的に付けられます。ファイルサイズを比較してみましょう。元のファイルと比べて、5分の1程度のサイズになっています。

圧縮前のファイルとサイズを比較

```
$ ls -l /etc/services services.gz
-rw-r--r--. 1 root   root   692252 Jun 23  2020 /etc/services
-rw-r--r--  1 rocky rocky 142528 Aug 10 11:08 services.gz
```

　今度は圧縮ファイルの展開を見てみましょう。インターネット上で公開

されているファイルは、たいていが圧縮されています。ダウンロード後に展開する必要があります。それぞれの形式に対応したコマンドで展開してください。先ほど圧縮したファイルを展開するには、次のコマンドを実行します。

services.gz ファイルを展開

```
$ gunzip services.gz
$ ls
services
```

圧縮されたファイルは自動的に削除され、展開したファイルが生成されます。

03-07 アーカイブの作成と展開

ディレクトリを圧縮する場合は、あらかじめ複数のファイルを1つのファイルにまとめたアーカイブ（書庫）を作成し、そのアーカイブファイルを圧縮します。アーカイブの管理にはtarコマンドを使います（**表6**）。

書式 **tar オプション ディレクトリ**

表6：tarコマンドの主なオプション

オプション	説明
-c	アーカイブを作成する
-x	アーカイブを展開する
-f ファイル名	アーカイブファイルを指定する
-z	gzipの圧縮を使う
-j	bzip2の圧縮を使う
-J	xzの圧縮を使う
-t	アーカイブの内容を表示する
-v	詳しく表示する

アーカイブを作成するには、-cオプションを使います。次の例では、/etc/dnfディレクトリ*3のアーカイブをtest.tarという名前で作成しています。

test.tarアーカイブを作成

```
$ tar -cvf test.tar /etc/dnf
tar: Removing leading `/' from member names
/etc/dnf/
/etc/dnf/modules.defaults.d/
/etc/dnf/automatic.conf
/etc/dnf/protected.d/
/etc/dnf/protected.d/systemd.conf
/etc/dnf/protected.d/grub2-tools-minimal.conf
/etc/dnf/protected.d/yum.conf
（省略）
$ ls
services   test.tar
```

この状態では、あくまで複数のファイルを1つにまとめただけなので、圧縮はかけられていません。アーカイブの作成と同時に圧縮をするには、-zオプションや-jオプションもあわせて指定します。次の例では、test.tarアーカイブを作成すると同時にgzipで圧縮しています。

test.tar.gzアーカイブを作成

```
$ tar -czvf test.tar.gz /etc/dnf
tar: Removing leading `/' from member names
/etc/dnf/
/etc/dnf/modules.defaults.d/
/etc/dnf/automatic.conf
/etc/dnf/protected.d/
（省略）
$ ls
services   test.tar   test.tar.gz
```

---

*3　パッケージ管理システムDNFの設定ディレクトリです。

tarコマンドで作成したアーカイブを圧縮したファイルをtar ball（tar
ボール）といいます。tar ballを展開するには、-xオプションと、圧縮の
種類に対応したオプションを指定します。

test.tar.gzアーカイブを展開

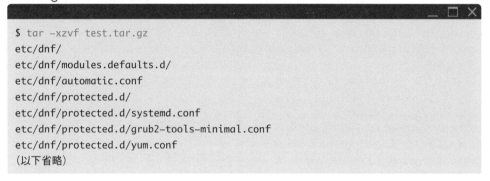

```
$ tar -xzvf test.tar.gz
etc/dnf/
etc/dnf/modules.defaults.d/
etc/dnf/automatic.conf
etc/dnf/protected.d/
etc/dnf/protected.d/systemd.conf
etc/dnf/protected.d/grub2-tools-minimal.conf
etc/dnf/protected.d/yum.conf
（以下省略）
```

 注!意　上記のtarコマンドを実行すると、カレントディレクトリに「etc」ディレクトリが作ら
れ、その下に「dnf」ディレクトリが作られ、その下に設定ファイル類が展開され
ます。

04 ✳ パーミッション

04-01 ファイルの所有者

　ファイルやディレクトリを作成すると、作成したユーザーがその所有者となります。また、ユーザーの属しているグループが所有グループとなります[4]。ファイルの所有者と所有グループは、ls -lコマンドで確認できます。

ファイルの所有者と所有グループの確認

```
$ ls -l services
-rw-r--r-- 1 rocky rocky 692252 Aug 10 11:08 services
```

　この例では、rockyユーザーが所有者、rockyグループが所有グループとなっています。Rocky Linuxでは、ユーザーを作成すると、そのユーザーと同名のグループも自動的に作成されます。

04-02 アクセス権

　ファイルやディレクトリにはアクセス権が設定されています（**表7、8**）。アクセス権には「読み取り可能」「書き込み可能」「実行可能」の3種類があり、それぞれ「r」「w」「x」で表します[5]。アクセス権は「所有者」「所

---

*4　複数のグループに所属している場合はアクティブなグループが所有グループとなります。

*5　それぞれ、Readable、Writable、eXecutableという意味です。

有グループ」「その他のユーザー」それぞれに対して設定できます。

表7：ファイルのアクセス権

アクセス権	説明
読み取り可能	ファイルの内容を読み取ることができる
書き込み可能	ファイルの内容を変更できる
実行可能	ファイルを実行できる

表8：ディレクトリのアクセス権

アクセス権	説明
読み取り可能	ディレクトリ内のファイル一覧を表示できる
書き込み可能	ディレクトリ内でファイルの作成や削除ができる
実行可能	ディレクトリ内のファイルにアクセスできる

アクセス権はls -lコマンドで確認できます。

アクセス権の確認

```
$ ls -l services
-rw-r--r-- 1 rocky rocky 692252 Aug 10 11:08 services
```

2文字目から10文字目の「rw-r--r--」がアクセス権を表しています（**図6**）。

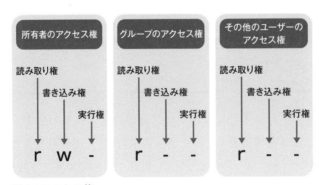

図6：アクセス権

この例では、

- 所有者（rockyユーザー）は読み取りと書き込みができる
- 所有グループ（rockyグループ）に属するユーザーは読み取りができる
- 上記以外のユーザーは読み取りができる

となります。所有者は読み書きできますが、所有者以外は書き込みができない、というアクセス権です。

　アクセス権を数値で表すこともあります。「読み取り可能」を4、「書き込み可能」を2、「実行可能」を1として、所有者、所有グループ、その他ユーザーごとに足した数値で表します（**図7**）。

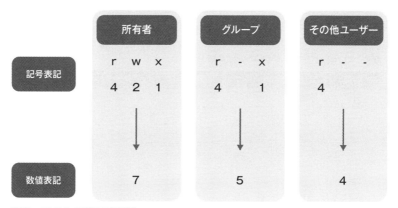

図7：アクセス権の表記法

　「rwxr-xr--」を数値で表すと「754」となります。

注意　アクセス権とパーミッションは同じような意味で使われます。本書では、所有者、所有グループとアクセス権を組み合わせたものをパーミッションとしています。

04-03 アクセス権の変更

　アクセス権を変更するにはchmodコマンドを使います。アクセス権を変更できるのはファイルの所有者とrootユーザーだけです。

[書式] **chmod [-R] アクセス権 ファイル名またはディレクトリ名**

　アクセス権は、記号で指定しても数値で指定してもかまいません。記号を用いる場合、所有者、所有グループ、その他ユーザーをそれぞれ「u」「g」「o」で表します。すべてのユーザーは「a」です。権限の追加には「+」を、権限の削除には「-」を、権限の指定には「=」を使います（**表9**）。例えば、その他ユーザーに読み取り権を追加するなら「o+r」、所有グループから書き込み権を削除するなら「g-w」です。

表9：chmodコマンドのアクセス権

対象	説明	権限の設定	説明
u	所有者	+	権限を追加する
g	所有グループ	-	権限を削除する
o	その他ユーザー	=	権限を指定する
a	すべてのユーザー		

　いくつか例を見ておきましょう[6]。

sampleファイルの所有者とその他ユーザーに書き込み権を追加

```
$ chmod uo+w sample
```

---

[6]　以下の例において「sample」は例です。操作したいファイル名に置き換えてください。

sampleファイルへの所有者・所有グループ以外のユーザーの書き込み権を削除

```
$ chmod o-w sample
```

　数値を使った指定もできます。数値を使った指定では、変更前のアクセス権にかかわらず、指定したとおりのアクセス権になります。

sampleファイルのアクセス権を644（rw-r--r--）に設定

```
$ chmod 644 sample
```

　なお、-Rオプションを指定すると、指定したディレクトリ以下のすべてのファイルのアクセス権を一度に変更できます。逆にいえば、-Rオプションを指定せずにディレクトリのアクセス権を変更しても、ディレクトリ内のファイルのアクセス権は変更されません。

 04-04 所有者と所有グループ

　すべてのファイルやディレクトリには、所有者と所有グループが設定されています。ファイルやディレクトリを作成すると、作成したユーザーが所有者に、ユーザーが所属するグループが所有グループに設定されます。所有者はchownコマンド、所有グループはchgrpコマンドで変更できます。基本的には、変更できるのはrootユーザーのみです[7]。

書式　**chown [-R] 所有者 ファイル名またはディレクトリ名**

書式　**chgrp [-R] 所有グループ ファイル名またはディレクトリ名**

＊7　以下の例において「apache」ユーザー、「www」グループ、「sample」ファイルは例です。

sampleファイルの所有者をapacheユーザーに変更

```
# chown apache sample
```

sampleファイルの所有グループをwwwグループに変更

```
# chgrp www sample
```

chownコマンドでは、所有者と所有グループを一度に変更できます。

書式 **chown [-R] 所有者：所有グループ ファイル名またはディレクトリ名**

sampleファイルの所有者をapacheに、所有グループをwwwに変更

```
# chown apache:www sample
```

Column **ACL**

Linuxの一部のファイルシステムにはACL（Access Control List）という機能が搭載されています。ACLを使うと、所有者と所有グループだけを使った標準のパーミッションよりも複雑なアクセス制御を実施できます。例えば、所有者がapache、所有グループがwwwであるファイルに、特別にwebadminユーザーも読み書きできる権限を追加する、といった具合です。Linuxで広く使われているext4ファイルシステムやXFSファイルシステムはいずれもACLに対応しています。

05 ✳ テキストエディタ

 05-01 Linuxのテキストエディタ

　Linuxにおいて、システムやサービスの設定を変更する方法は、大きく分けて2種類あります。

- 設定ファイル（テキストファイル）を編集する
- コマンドを実行する

　設定ファイルを編集する方法は、UNIX系OSで古くから使われている方法です。設定ファイル内にパラメーターが記述されていて、それを編集することで設定が変わります。最近ではコマンドや対話型ツールを実行して変更する方法も増えてきましたが、コマンドを使った方法では、裏で設定ファイルを書き換えている場合があります。

　このような理由で、Linuxサーバーの管理にはテキストファイルを編集する能力が不可欠です。一般的には、UNIX系のサーバーではviエディタというエディタがシステム管理で使われてきました。Linuxでは、viエディタを改良したVim（Vi IMproved）が搭載されています（**図8**）。

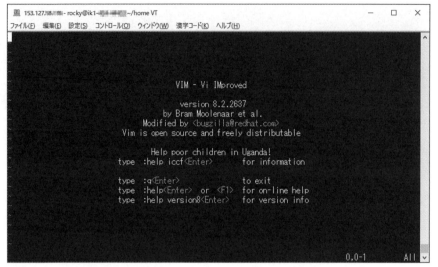

図8：Vimの起動画面

　viエディタ（Vim）は操作体系が独特で慣れていない場合は、簡単な編集作業をするにもハードルが高いです。ただ、UNIX系で標準的に使われていることや、管理コマンドからviユディタが呼び出される（viエディタを使わざるを得ない）ことから、基本的な操作方法は知っておいた方がよいと思います。本書では付録（P.229）で解説しています。

　テキストエディタとしてはほかに、Emacsが広く使われています（**図9**）。拡張性がきわめて高く、その機能はテキストエディタの範囲を超えます。

　両方のエディタを「使いこなす」必要はありません。システム管理に必要なエディタの操作はそれほど多くないので、ひとまず基本だけ知っておけば十分です。

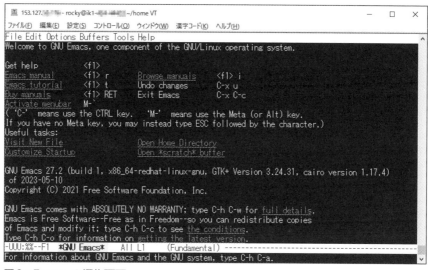

図9：Emacsの編集画面

05-02 nanoエディタ

nanoエディタは、Ubuntuなどで標準エディタとなっている使いやすいエディタです。Rocky Linuxでは、インストールの仕方によってはnanoエディタが入っていないことがあります。nanoエディタが使えない（コマンドを実行してもエラーになる）場合は、次のコマンドを実行してnanoエディタをインストールしてください。

nanoエディタをインストール

```
$ sudo dnf -y install nano
```

編集したいファイルを引数に指定してnanoコマンドを実行すると、nanoエディタの画面になります。ファイルを指定しなかった場合は空のファイルが開かれます（**図10**）。

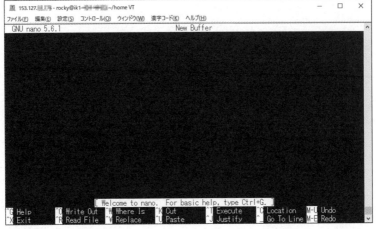

図10：nanoエディタ

　編集画面では、Ctrlキーとの組み合わせで操作をします。基本操作を**表10**に示します。代表的な操作は常に画面下部に表示されています。「^」はCtrlキーを意味します。

表10：nanoエディタの基本操作

キー操作	説明
Ctrl＋G	ヘルプを表示する
Ctrl＋O	変更を保存する
Ctrl＋C	現在のカーソル位置を表示する
Ctrl＋W	文字列を検索する
Ctrl＋L	画面をリフレッシュ（再描画）する
Ctrl＋X	nanoエディタを終了する

　ファイルを保存する場合は、Ctrl＋Oを押すと、下から3行目に「File Name to Write:」と表示され、現在のファイル名が表示されます。そのままEnterキーを押すと上書き保存されます。ファイル名を編集してからEnterキーを押すと「Save file under DIFFERENT NAME ?」と尋ねられますので、Yキーを押すと別名で保存されます。

　カーソルやページを移動するキー操作としては、とりあえず**表11**の操作を知っていれば十分でしょう。もちろん、カーソルキーも使えます。

表11：nanoエディタのカーソル・ページ移動系操作

キー操作	説明
Ctrl＋Y	前のページに移動する
Ctrl＋V	次のページに移動する
Ctrl＋A	カーソルのある行の先頭に移動する
Ctrl＋E	カーソルのある行の末尾に移動する
Ctrl＋W	文字列を検索する
Ctrl＋W ➡ Ctrl＋T	指定した行番号に移動する

　文字列を検索する場合は、Ctrl＋Wを入力すると、下に「Search:」と表示されて文字列が入力できるようになります。検索したい文字列を入力してEnterキーを押すと、カーソルよりも下方向でマッチした箇所にジャンプします。次の検索結果に進むには、Ctrl＋WとEnterを繰り返します。

　行番号を指定した移動もできます。Ctrl＋Wに続いてCtrl＋Tとタイプすると、「Enter line number, column number:」と尋ねられますので、行番号を入力してEnterキーを押します。「100,10」のように「行番号,桁番号」も指定できます。

行番号の指定

```
                                                          _ □ ×
Enter line number, column number:
```

　カット、コピー、貼り付けは**表12**の操作で行います。

表12：nanoエディタの編集系操作

キー操作	説明
Ctrl＋K	カーソルのある行をカットする
Alt＋^	カーソルのある行をコピーする
Ctrl＋U	カット（コピー）した文字列を貼り付ける

　ほかにもたくさんの機能がありますが、これだけ知っていれば設定ファイルを編集するには十分です。もっと知りたい場合はヘルプ機能を参照してください。

Column nanoを標準エディタにする

Rocky Linuxでは、デフォルトではVimが標準エディタとして設定されています。nanoエディタを標準エディタとするには、次のコマンドを実行してください。

nanoを標準エディタにする

```
$ export EDITOR=nano
```

ただし、この設定はログアウト（もしくはシェルを終了）すると消えてしまいます。恒久的に設定を有効にするには、ホームディレクトリにある「.bash_profile」というファイルの末尾に「export EDITOR=nano」を追加してください。

4

ネットワークの
基本と設定

この章では、サーバー運用に必要なネットワーク
の基礎知識を確認し、Rocky Linuxでのネット
ワーク設定方法とネットワーク情報の確認方法
を見ていきます。

01 サーバー運用に必要な ネットワークの知識

 01-01 IPアドレスとサブネットマスク

　インターネットやLANでは、TCP/IPというネットワーク規格（プロトコル）が広く普及しています。TCP/IPでは、ネットワーク上の住所に相当する情報をIPアドレスで表します。IPアドレスは32ビットの数値ですが、そのままでは扱いづらいので、8ビットずつ4つに区切った10進数で表すのが一般的です（**図1**）。

11000000.	10101000.	00000001.	00000010	…… 2進数表記
192.	168.	1.	2	…… 10進数表記

図1：IPアドレス

　現在使われているIPプロトコルの主流はIPv4（IPバージョン4）ですが、IPv6（IPバージョン6）も一部で使われています。IPv4では32ビットだったアドレスが、IPv6では128ビットとなり、IPアドレスの枯渇の心配なく利用できます[1]。本書ではIPv4を扱います。

　IPアドレスは、ネットワークを表す前半部分（ネットワーク部）と、そのネットワーク内の機器を表す後半部分（ホスト部）に分かれています。ネットワーク部とホスト部の境界を示すために使われるのが、IPアドレスとセットで使われる、サブネットマスクという32ビットの数値です（**図2**）。

---

*1　IPv4アドレスは2011年に新規割り当て分がほぼ枯渇しました。

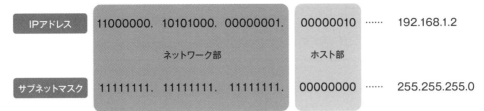

| IPアドレス | 11000000. 10101000. 00000001. | 00000010 | …… | 192.168.1.2 |
| ネットワーク部 | ホスト部 |

図2：サブネットマスク

　簡単にいうと、IPアドレスとサブネットマスクをそれぞれ2進数で表し、サブネットマスクの1で覆われる部分がネットワーク部です。ネットワーク部が大きいと、その分ホスト部は小さくなり、1つあたりのネットワークに属することのできるIPアドレス数が少なくなります（小さなネットワーク）。逆に、ネットワーク部が小さく、ホスト部が大きい場合は、大きなネットワークになります。

　ネットワークアドレスが同じ（1つのLANの中にある）機器どうしは、直接通信を行うことができます。ネットワークアドレスが異なる機器どうしは、ルーターを介さなければ通信できません（**図3**）。

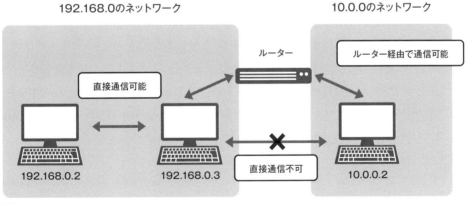

図3：ルーター

01-02 IPアドレスとクラス

　IPアドレスはいくつかのクラスに分かれています。ネットワーク部が8ビットのものをクラスA、16ビットのものをクラスB、24ビットのものをクラスCといいます（**表1**）。ホストに割り当てることのできるIPアドレスは、クラスAからクラスCのいずれかです。クラスAは大きなネットワーク、クラスCは小さなネットワークです。

表1：クラス

クラス	IPアドレスの範囲	サブネットマスク	1ネットワーク内のIPアドレス数
クラスA	0.0.0.0〜127.255.255.255	255.0.0.0	16,777,216
クラスB	128.0.0.0〜191.255.255.255	255.255.0.0	65,536
クラスC	192.0.0.0〜223.255.255.255	255.255.255.0	256

　クラスAは大規模な組織、クラスBは中規模な組織、クラスCは小規模な組織に割り当てるとよいのですが、実際には大きすぎたり小さすぎたりして、無駄になるIPアドレスがたくさん出てしまいました。そこで現在では、クラス単位での割り当てはせず、サブネットマスクの長さを変えることでネットワークのサイズを調整できるようになっています。つまり、IPアドレスはサブネットマスクとセットで使わなければなりません。

　そこで、「192.168.0.0/24」のように、サブネットマスクの長さ（ネットワークアドレス長）を「/」の後に指定する書き方が一般的です。192.168.0.0/24は、192.168.0.0/255.255.255.0のように書いてもかまいません。

プライベートIPアドレスと
グローバルIPアドレス

　ホスト部のビットをすべて0にしたアドレスをネットワークアドレス、すべて1にしたアドレスをブロードキャストアドレスといいます。つまり、ネットワーク部が同じであるIPアドレスでいちばん小さいのがネットワークアドレス、いちばん大きいのがブロードキャストアドレスです（図4）。

IPアドレス	11000000.	10101000.	00000001.	00000010	……	192.168.1.2
		ネットワーク部		ホスト部		
サブネットマスク	11111111.	11111111.	11111111.	00000000	……	255.255.255.0
ネットワークアドレス	11000000.	10101000.	00000001.	00000000	……	192.168.1.0
ブロードキャストアドレス	11000000.	10101000.	00000001.	11111111	……	192.168.1.255

図4：ネットワークアドレスとブロードキャストアドレス

　ネットワークアドレスはネットワークそのものを表すアドレスです。ブロードキャストアドレスは、同じネットワークに属するすべてのホストに一斉送信するための特殊なアドレスです。これら2つのアドレスはコンピューターに割り当てることができません。

　IPアドレスは、自由に好きなアドレスを使ってよいわけではありません（自由に好きな電話番号を使えないのと同様です）。ただし、家庭や会社などのLAN内に限って利用可能なIPアドレスは、自由に使ってかまいません。これをプライベートIPアドレスといいます。プライベートIPアドレスの範囲は次のとおりです。

- 10.0.0.0〜10.255.255.255
- 172.16.0.0〜172.31.255.255
- 192.168.0.0〜192.168.255.255

　プライベートIPアドレスは、LAN内のパソコンやタブレット端末などに割り当てて利用します。インターネット上のサーバーに設定してはいけません。インターネット上のサーバーに割り当てるIPアドレスはグローバルIPアドレスといいます。グローバルIPアドレスは世界的に管理されているので、勝手に好きな番号を使ってはいけません。

01-04 | ポート番号

　ネットワーク上のホストでは、複数のアプリケーションがネットワークを使っているのが普通です。ホスト上で動作しているアプリケーションを識別するために用いられる番号をポート番号といいます（**図5**）。IPアドレスが建物の住所であるとすれば、ポート番号は部屋番号や窓口番号に相当します。

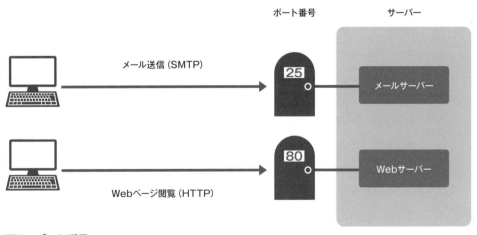

図5：ポート番号

よく使われるネットワークサービス用のポート番号はあらかじめ決められています（**表2**）。これをウェルノウンポート（Well Known Ports）といいます。

表2：主なポート番号

ポート番号	説明
20	FTPデータ転送
21	FTP制御情報
22	SSH
23	Telnet
25	メール（SMTP）
53	DNS
80	Web（HTTP）
110	メール（POP）
143	メール（IMAP）
443	安全なWeb（HTTPS）

 参 考 Linuxでは、ポート番号とサービス名の対応が/etc/servicesで定義されています。このファイルは、ポート番号をサービス名で表示する場合などに使われます。

 01-05 ホスト名とドメイン名

ネットワーク上のコンピューターはIPアドレスで識別されます。しかしIPアドレスという数値は、扱いやすいとはいえないので、よりわかりやすくするためにコンピューターに名前を付けて管理できるようにしています。これがホスト名です。hostnameコマンドを実行すると、ホスト名が表示されます。

ホスト名を表示

```
$ hostname
ik1-329-xxxxx.vs.sakura.ne.jp
```

ホスト名とIPアドレスの対応は、DNS（Domain Name System：ドメインネームシステム）という仕組みによって管理されています。ホスト名とIPアドレスを相互に変換することを名前解決といいます（**図6**）。

図6：名前解決

　ホスト名は「www.example.com」のように「.」で区切って表します。広
義のホスト名は、狭義のホスト名とドメイン名に分けることができます
（**図7**）。ドメイン名は、コンピューターが所属しているネットワーク上の
領域です。その領域の中で付けられた固有の名前がホスト名です。

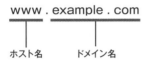

図7：ホスト名とドメイン名

　「ホスト名」といった場合、「www」だけのことも「www.example.com」
のこともあります（「名前」という言葉がファーストネームを表す場合とフ
ルネームを表す場合があるのと同様です）。「www.example.com」のように
ドメイン名を省略しないで表した名前をFQDN（Fully Qualified Domain
Name：完全修飾ドメイン名）といいます。

01-06　ネットワークインターフェース

　ネットワークとの接点をネットワークインターフェースといいます。
Linuxでは、ネットワークインターフェースは「ens3」「enp3s0」「eth0」
「eth1」といった名前（ネットワークインターフェース名）で表します。
ネットワークインターフェースの情報は、ipコマンドで調べることができ
ます。

ネットワークインターフェースの情報を表示

```
$ ip addr show
1: lo: <LOOPBACK,UP,LOWER_UP> mtu 65536 qdisc noqueue state UNKNOWN group ⏎
default qlen 1000
    link/loopback 00:00:00:00:00:00 brd 00:00:00:00:00:00
    inet 127.0.0.1/8 scope host lo
       valid_lft forever preferred_lft forever
2: ens3: <BROADCAST,MULTICAST,UP,LOWER_UP> mtu 1500 qdisc fq_codel state UP ⏎
group default qlen 1000
    link/ether 9c:a3:ba:06:c8:06 brd ff:ff:ff:ff:ff:ff
    altname enp0s3
    inet 172.27.53.176/23 brd 172.27.53.255 scope global noprefixroute ens3
       valid_lft forever preferred_lft forever
```

　　1つ目のネットワークインターフェース「lo」は、自分自身を示す特殊な
インターフェースです（ローカルループバック）。どのホストでもIPアド
レスは必ず「127.0.0.1」になります。2つ目のネットワークインターフェー
ス「ens3」が外部のネットワークとの通信に使われるネットワークイン
ターフェースで、ここでは「ens3」という名前になっています。

　　下から2行目にある「172.27.53.176」が、このネットワークインター
フェースに設定されているIPアドレスです。また、「172.27.53.255」はブ
ロードキャストアドレスです。

02-01 ネットワークインターフェースの情報

　Rocky Linuxでは、ネットワークの処理をNetworkManagerというサービスが担っています。NetworkManagerはnmcliコマンドで管理します。

　nmcli deviceコマンドを実行すると、サーバーに備わっているネットワークインターフェースの一覧とその状態（接続されているかどうか）が確認できます。

ネットワークインターフェースの一覧を表示

```
$ sudo nmcli device
DEVICE  TYPE      STATE                  CONNECTION
ens3    ethernet  connected              System ens3
lo      loopback  connected (externally) lo
```

　ネットワークインターフェースの情報を詳細に表示するには、nmcli device showコマンドを実行します。

ネットワークインターフェースの詳細を表示

```
$ sudo nmcli device show ens3
GENERAL.DEVICE:             ens3
GENERAL.TYPE:               ethernet
GENERAL.HWADDR:             9C:A3:BA:06:C8:06
GENERAL.MTU:                1500
GENERAL.STATE:              100 (connected)
GENERAL.CONNECTION:         System ens3
GENERAL.CON-PATH:           /org/freedesktop/NetworkManager/
```

```
ActiveConnection/2
WIRED-PROPERTIES.CARRIER:        on
IP4.ADDRESS[1]:                  172.27.53.176/23 ●──── IPアドレス
IP4.GATEWAY:                     172.27.52.1 ●──── デフォルトゲートウェイ
IP4.ROUTE[1]:                    dst = 172.27.52.0/23, nh = 0.0.0.0, mt = 100
IP4.ROUTE[2]:                    dst = 0.0.0.0/0, nh = 172.27.52.1, mt = 100
IP4.DNS[1]:                      133.242.0.3 ●──── DNSサーバー1
IP4.DNS[2]:                      133.242.0.4 ●──── DNSサーバー2
IP6.GATEWAY:                     --
```

　　IPアドレス等を調べるのであれば、先に説明したipコマンドを使ってもかまいません。

02-02 ホスト名の変更

　　ホスト名を変更するには、nmcli general hostnameコマンドを使います。

[書式]　**nmcli general hostname ホスト名**

ホスト名をrocky9.example.comに設定

```
$ sudo nmcli general hostname rocky9.example.com
$ hostname
rocky9.example.com
```

　　または、hostnamectlコマンドを使ってもかまいません。

[書式]　**hostnamectl set-hostname ホスト名**

ホスト名をrocky9.example.comに設定

```
$ sudo hostnamectl set-hostname rocky9.example.com
```

　　再起動後に変更が反映されます。

02-03 IPアドレスの設定

IPアドレスを設定する場合は、次の書式を使います。

 書式 　nmcli connection modify ネットワークインターフェース名 ipv⏎
4.addresses IPアドレス

VPSにSSHでログインしている場合は試さないようにしてください。VPSにアクセスできなくなってしまいます[2]。また、先に説明したとおり、グローバルIPアドレスを勝手に使うことはできませんし、プライベートIPアドレスをインターネット上で利用することもできません。

IPアドレスを192.168.0.10に変更

```
$ sudo nmcli connection modify "System ens3" ipv4.addresses 192.168.0.10/24
```

なお、固定IPアドレスを使わず、DHCPに設定する場合は次のようにします。また、connection部分は省略して「c」とすることができます。

IPアドレスをDHCPで設定

```
$ sudo nmcli c modify "System ens3" ipv4.addresses auto
```

 注意　VPSに割り当てられているグローバルIPアドレスを変更しないでください。ここでは、あくまでnmcliコマンドの実行例として紹介しています。

---

[2] 仮想コンソールを使って修正することになってしまいます。

02-04 デフォルトDNSサーバーの設定

　ホスト名を指定してネットワークアクセスをする場合などでは、ホスト名をIPアドレスに変換する作業が必要になります。ホスト名とIPアドレスの対応付けを行っているのがDNSです。DNSサーバーに問い合わせると、ホスト名とIPアドレスとの変換を行ってくれます。

　問い合わせ先のDNSサーバーは、次のコマンドで変更または追加することができます。

書式 **nmcli connection modify ネットワークインターフェース名 ipv⏎ 4.dns IPアドレス**

　Googleが提供しているオープンなDNSサーバー（8.8.8.8）とするには、次のようにします。

DNSサーバーを8.8.8.8に設定

```
$ sudo nmcli c modify "System ens3" ipv4.dns 8.8.8.8
```

　なお、設定を反映させるには、NetworkManagerの再起動が必要です。

NetworkManagerの再起動

```
$ sudo systemctl restart NetworkManager
```

02-05 ネットワークの疎通確認

　ネットワークがつながっているかどうかの確認に使われる基本コマンド
がpingです。pingコマンドを使うと、指定したホストに対して信号[*3]を
送り、その反応を表示します。ネットワークがつながっていないか、指定
したホストが稼働していない（ネットワークがダウンしている）と、反応
が返ってきません。

書式 **ping [-c 回数] ホストまたはIPアドレス**

　次の例では、172.17.42.1のホストに対して疎通確認を行っています。4
回パケットを送り、いずれも反応が返ってきています。

172.17.42.1のホストに対して疎通確認

```
$ ping 172.17.42.1
PING 172.17.42.1 (172.17.42.1) 56(84) bytes of data.
64 bytes from 172.17.42.1: icmp_seq=1 ttl=64 time=0.060 ms
64 bytes from 172.17.42.1: icmp_seq=2 ttl=64 time=0.083 ms
64 bytes from 172.17.42.1: icmp_seq=3 ttl=64 time=0.096 ms
64 bytes from 172.17.42.1: icmp_seq=4 ttl=64 time=0.124 ms
^C ●──── Ctrl＋Cキーで停止
--- 172.17.42.1 ping statistics ---
4 packets transmitted, 4 received, 0% packet loss, time 2999ms
rtt min/avg/max/mdev = 0.060/0.090/0.124/0.025 ms
```

　Linuxのpingコマンドは、CtrlキーとCキーを同時に押すまで、確認の
パケットが送られ続けます。-cオプションでパケットを送る回数を指定で
きます。

＊3　ICMPという制御用のパケットが使われます。

172.17.42.2のホストに対して4回パケットを送る

```
$ ping -c 4 172.17.42.2
PING 172.17.42.2 (172.17.42.2) 56(84) bytes of data.
From 172.17.42.1 icmp_seq=1 Destination Host Unreachable
From 172.17.42.1 icmp_seq=2 Destination Host Unreachable
From 172.17.42.1 icmp_seq=3 Destination Host Unreachable
From 172.17.42.1 icmp_seq=4 Destination Host Unreachable

--- 172.17.42.2 ping statistics ---
4 packets transmitted, 0 received, +4 errors, 100% packet loss, time 2999ms
pipe 4
```

　この例では、いずれも「Destination Host Unreachable」となっていて、宛先ホストに届いていません。その原因としては、

- ローカルホストまたは相手がネットワークにつながっていない
- 相手のシステムが起動していない
- 相手のネットワークサービスに問題がある
- 相手がpingに応答しないように設定されている
- 途中のファイヤウォールによって疎通確認が制限されている

といったことが考えられます。

注意　自分が管理しているホスト以外に対して安易にpingコマンドを実行しないようにしてください。攻撃のための予備調査をしているとみなされてしまう恐れがあります。

02-06 ツールを使ったネットワーク設定

Rocky Linuxでは、nmtuiという対話型のツールを使ったネットワークの設定ができます。「sudo nmtui」コマンドを実行すると、**図8**のような画面になります（**表3**）。

図8：nmtui

表3：nmtuiのメニュー

メニュー	説明
Edit a connection	ネットワークインターフェースの設定
Activate a connection	ネットワークインターフェースの有効化・無効化
Set system hostname	ホスト名の設定

マウスは使えませんので、キーボードで操作します。基本的には、マウス操作の代わりにTabキーかカーソルキーでハイライト部分を動かし、左クリックの代わりにEnterキーを押します（**表4**）。

表4：nmtuiコマンドのキー操作

キー操作	説明
Tab	選択箇所を次に移動
↑	選択箇所を下（次）に移動
↓	選択箇所を上（前）に移動
Enter	選択箇所を適用

例えば「Edit a connection」を選択すると、**図9**の画面になります。

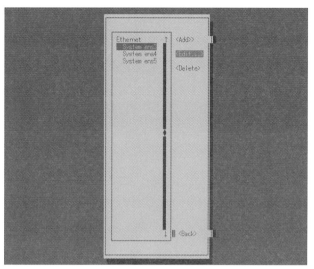

図9：ネットワークインターフェース選択画面

この例では、ネットワークインターフェースens3が選択されているので、これを編集したい場合はTabキーを押して「<Edit...>」をハイライトさせ、Enterキーを押すと**図10**の画面になります。

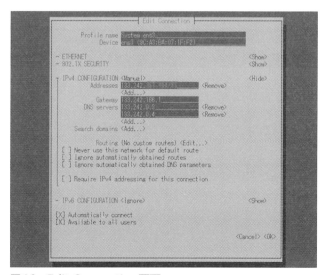

図10：Edit Connection画面

　Edit Connection画面でネットワークインターフェースの設定が変更でき
ます。変更後、変更を保存しないでこの画面から抜けるには「<Cancel>」
を、変更を保存するには「<OK>」を選択します。

　1つ前の画面に戻るので、さらに「<Back>」を選択すると最初の画面に
戻ります。そこで「Quit」を選択して終了します（**図11**）。

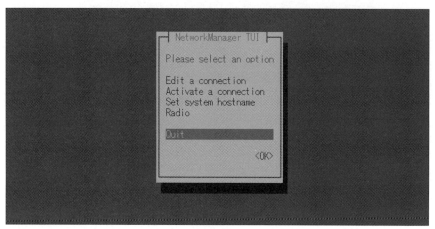

図11：ネットワークインターフェース選択画面

　設定変更後は、次のコマンドを実行することで変更内容を反映できます。

NetworkManagerの再起動

```
$ sudo systemctl restart NetworkManager
```

5

サーバーを
構築しよう

この章では、サーバー構築作業の流れ、Linuxの
ユーザー管理、パッケージの管理、基本的なサー
バー管理コマンドを取り上げます。

01 ✳ サーバー構築とは

 01-01 | サーバー構築作業の概要

サーバーの構築作業には、大きく分けて3つの作業があります。

❶ OSをインストールし設定する
❷ 必要なソフトウェアをインストールする
❸ ソフトウェアを適切に設定する

OSのインストールと設定

第2章で取り上げたように、OSをサーバーハードウェア（もしくは仮想環境）にインストールします。また、インストール後に、セキュリティ設定やユーザーの追加など、サーバーの運用に必要な作業を行います。

必要なソフトウェアのインストール

OSに加えて、必要なサーバーソフトウェアやミドルウェア*1をインストールします。よく使われるのは次のようなソフトウェアです。

• Webサーバー（Apache、nginxなど）
• プログラミング言語（PHP、Ruby、Javaなど）
• データベース（MariaDB、MySQL、PostgreSQLなど）
• フレームワーク（Ruby on Rails、Symphony2、Djangoなど）

---

*1 OSとアプリケーションの間に入るソフトウェアで、データベース管理システムなどが相当します。

- CMS（WordPress、Mediawikiなど）

OSのインストール時に一括してインストールすることもできますが、その場合は不要なソフトウェアもインストールされてしまいがちなので、個別にインストールした方がよいでしょう。なぜなら、不要なソフトウェアは余計なセキュリティリスクを生み出すからです。サーバーには必要最小限のソフトウェアだけがインストールされているのが望ましいのです。

ソフトウェアの設定

インストールしたソフトウェアについて、個々に設定を行います。初期設定のままでは、セキュリティリスクが存在したり、日本語が正しく扱えなかったりするからです。設定をするには、個別に設定ファイルを編集する方法、ソフトウェアに付属するツールを実行する方法、初期設定コマンドを実行する方法など、さまざまな方法があります。

01-02 | 必要なソフトウェア

本書では、一般的なWebサーバー/CMSサーバーを構築していきます。ここで、必要となるソフトウェアを見ておきましょう。

Webサーバー

Webサーバーは、Webブラウザからの要求に応じてWebサイトのデータを送ります。本書では、Webサーバーとしてもっともシェアの大きいApache HTTP Server（Apache）を使うことにします。

WordPress

CMS（Contents Management System：コンテンツ管理システム）として高い人気を誇っているのがWordPressです。ブログを管理するソフトウェアとして知られていますが、ブログ以外の用途にも使えます。Word

Pressを動かすには、Webサーバーに加え、プログラミング言語PHPと、MariaDBなどのデータベース管理システムが必要です。

PHP

　Webアプリケーションを動かすプログラミング言語として、PHPはとても人気があります。WordPressもPHPで書かれているので、PHPをインストールしておかなければなりません。PHPはバージョン7系と8系があります。Rocky Linux 9ではバージョン8.0.27が採用されています。Webアプリケーションによっては、動作に必要なPHPのバージョンが指定されていることもあります。WordPressの場合、バージョン7.4以上が推奨されています。

MariaDB

　Webアプリケーションが扱うデータは、データベースに格納されるのが一般的です。データベースを扱うソフトウェアがデータベース管理システム（DBMS：DataBase Management System）です。データベース管理システムは、商用のものではOracle DatabaseやMicrosoft SQL Serverが有名です。オープンソースのものでは、本書で扱うMariaDBのほか、MySQLやPostgreSQLなどがあります。なお、MariaDBはMySQLから派生したソフトウェアで、多くの点は共通しています。

02 ✳ ユーザー管理

 02-01 管理者ユーザーと一般ユーザー

　Linux では、通常の作業は一般ユーザーで行い、管理者権限が必要なときのみ root ユーザーで作業をします。常に root ユーザーで作業をしていると、ちょっとした操作ミスがシステムに甚大な被害を与えてしまう恐れがあるからです。ログインして作業をしているとき、現在作業をしているのが root ユーザーなのか一般ユーザーなのかは、プロンプトを見ればわかります。

rootユーザーのプロンプト

```
[root@rocky9 ~]#
```

一般ユーザーのプロンプト

```
[rocky@rocky9 ~]$
```

　root ユーザーの場合は、プロンプトの末尾が「#」になります。一般ユーザーの場合は「$」（シェルによっては「%」）と表示されます。Rocky Linux の場合はプロンプトにユーザー名も含まれていますが、シェルの設定によっては表示されないこともあります。しかし、どのようなシェルでも root ユーザーのプロンプトが「#」である点は共通していますので、常にプロンプトに注意を払うようにしてください。多くの書籍でも、一般ユーザーで実行するのか、管理者権限が必要なのかを「$」「#」で表しています。

02-02 su コマンド

　suコマンドを使うと、ログイン中に別のユーザーに切り替えることができます。

書式 **su [-] [ユーザー名]**

　ユーザー名を指定すると、そのユーザーに切り替わります。ユーザー名を省略するとrootユーザーになります。ただしVPSではrootユーザーのパスワードが設定されていないためrootユーザーにはなれません。次ページのsudoコマンドを使ってください。

rootユーザーに切り替える

```
[rocky@rocky9 ~]$ su
Password:  ●──── rootユーザーのパスワードを入力
[root@rocky9 rocky]# pwd
/home/rocky  ●──── ただしカレントディレクトリは変わらない
```

　オプション「-」を指定すると、ユーザー環境は新規にログインしたときと同じ状態になります。つまり、カレントディレクトリは当該ユーザーのホームディレクトリとなります。

rootユーザーとしてログインした状態にする

```
[rocky@rocky9 ~]$ su -
Password:
Last login: Tue Jul 25 12:49:22 JST 2023 on pts/0
[root@rocky9 ~]# pwd
/root
```

　rootユーザーでログインしたのと同じ状態になっています。「-」を付けない場合は管理者コマンドが使えないなどの問題が生じることがありま

す[*2]。通常は「-」を付けてsuコマンドを実行するとよいでしょう。

　suコマンドでユーザーを切り替えた場合、作業が終了したらexitコマンドで元のユーザーに戻ってください。

元のユーザーに戻す

```
[root@rocky9 rocky]# exit
exit
[rocky@rocky9 ~]$
```

注意　元のユーザーに「su - rocky」などで戻ったつもりにならないようにしてください。

02-03 | sudo コマンド

　suコマンドによるrootユーザーへの切り替えは、セキュリティ的に好ましくありません。いったんrootユーザーになると、システム全般を操作できる強大な権限が得られてしまいます。また、管理者権限が必要なユーザーすべてにrootユーザーのパスワードを教えておかなければなりません。rootのパスワードが漏洩するリスクが高まるほか、パスワード変更の連絡も煩雑になります。

　そこでsudoコマンドです。sudoコマンドを使えば、任意の管理者コマンドを、任意のユーザーに対してのみ許可することができます。例えば、rockyユーザーにはシステムの再起動のみ許可する、といった風にです。その際、rootユーザーのパスワードが求められない点もsudoコマンドのメリットです。

Chapter

5

サーバーを構築しよう

---

*2　管理者コマンドへのパスが通っていないことが原因です。本書では詳細には触れませんが、ユーザー環境も含めて切り替える場合は「-」を付けると考えてください。

　　sudoコマンドを使う前に、あらかじめ設定が必要です。設定ファイル
は/etc/sudoersですが、このファイルを編集してはいけません。visudo
コマンドを使って設定します。rootユーザーでvisudoコマンドを実行す
ると、viエディタ（Vim）を使って/etc/sudoersが開かれ、次のような内
容が表示されます。

visudoコマンドを実行

```
## Sudoers allows particular users to run various commands as
## the root user, without needing the root password.
##
## Examples are provided at the bottom of the file for collections
## of related commands, which can then be delegated out to particular
## users or groups.
##
## This file must be edited with the 'visudo' command.

## Host Aliases
## Groups of machines. You may prefer to use hostnames (perhaps using
## wildcards for entire domains) or IP addresses instead.
# Host_Alias      FILESERVERS = fs1, fs2
# Host_Alias      MAILSERVERS = smtp, smtp2

## User Aliases
## These aren't often necessary, as you can use regular groups
## (ie, from files, LDAP, NIS, etc) in this file – just use %groupname
## rather than USERALIAS
# User_Alias ADMINS = jsmith, mikem
（以下省略）
```

　　nanoエディタで編集したいときは（本書ではこちらを推奨）、次のコマ
ンドを実行してください。

nanoエディタで/etc/sudoersを編集

```
$ export EDITOR=nano
$ sudo -E visudo
```

末尾まで移動し、最後の行で「rocky ALL=(ALL) NOPASSWD: ALL」のように入力します。ユーザー名（rocky）の部分は皆さんがインストール時に作成したユーザー名に置き換えてください。さくらのVPSではデフォルトで設定済みです。

書式 **ユーザー名　ホスト名＝（実行ユーザー名）　許可するコマンド**

sudoの設定を追加

```
## Read drop-in files from /etc/sudoers.d (the # here does not mean a comment)
#includedir /etc/sudoers.d
rocky    ALL=(ALL)       NOPASSWD: ALL ●────── この行を追加
```

変更を保存して終了するとsudoコマンドが使えるようになります。sudoコマンドは、実行したいコマンドの前に付けて実行します。例えば、shutdownコマンドでシステムを再起動するには、次のようにします。

sudoコマンドを使ってshutdownコマンドを実行

```
$ sudo shutdown -r now
```

パスワードを尋ねられますが[*3]rootユーザーのパスワードではなく、sudoコマンドを実行したユーザーのパスワードである点に注意してください。パスワードが正しければshutdownコマンドが実行されます（VPSにTeraTermで接続している場合はTeraTermのウィンドウが閉じられます）。一度パスワードが認証されると、その後5分間は再入力しなくてすみます。

以降、本書では、rootユーザー権限が必要なコマンドの実行については、sudoコマンドを使うことにします。

---

*3　VPSの場合は上記の設定によりパスワードは問われません。

Column　sudoのログ

sudoコマンドのメリットは、ユーザーごとに実行できるコマンドを細かく指定できる、rootユーザーのパスワードを共有する必要がない、といった点に加えて、ユーザーが何をしたかという記録を残せる点もあります。例えば、認証関係のログが格納される/var/log/secureファイルの一部を見てみましょう。

sudoコマンドを実行したときのログ

```
Aug 10 13:05:16 localhost sudo[792]:    rocky : TTY=pts/0 ; PWD=/home/ ⏎
rocky ; USER=root ; COMMAND=/bin/less /var/log/secure
```

この例では、rockyユーザーがsudoコマンドを使って「/bin/less /var/log/secure」、つまりlessコマンドを使って/var/log/secureファイルを閲覧した、ということがわかります。誰がどんな作業をしたか、という記録はとても大切なので、とりわけ複数のユーザーでサーバーを管理するケースでは、できる限りsudoコマンドを使うようにしてください。

---

03 ソフトウェアのインストールとアップデート

 03-01 ソフトウェアのインストール

　Linuxではパッケージという単位でソフトウェアを管理します。パッケージの種類は何種類かありますが、Rocky LinuxではRPMというパッケージ方式を採用しています。RPMを採用しているディストリビューションには、Rocky Linuxのほか、Red Hat Enterprise Linux、Fedora、openSUSEなどがありますが、基本的には他のディストリビューションのRPMパッケージは利用できないと考えてください。システムのライブラリや他のソフトウェアと相互に絡み合っているからです（依存関係）。

　RPMパッケージを管理するにはrpmというコマンドを使いますが、パッケージには相互に依存関係があり、手動で管理するのは骨が折れます。そこでRocky Linuxでは、DNF[*4]というシステムを採用し、インターネット経由でソフトウェアをインストールしたりアップデートしたりすることができるようになっています。

 03-02 ソフトウェアのアップデート

　ソフトウェアは日々更新されています。機能追加、バグ修正のほか、重要なセキュリティアップデートもあります。DNFを使ってインストールしたソフトウェアはdnfコマンドを使って一括してアップデートできます。

＊4　Dandified YUM。新世代のYUMパッケージ管理システム。

書式 **dnf [-y] update**

　以下のように途中で質問に「y」（yes）と回答する必要がありますが、dnfコマンドに-yオプションを付けておくと自動的に回答してくれます。

システム全体のアップデート

```
$ sudo dnf update

Rocky Linux 9 - BaseOS            5.6 kB/s | 4.1 kB      00:00
Rocky Linux 9 - AppStream         5.9 kB/s | 4.5 kB      00:00
Rocky Linux 9 - Extras            4.8 kB/s | 2.9 kB      00:00
Dependencies resolved.
Dependencies resolved.

================================================================
 Package             Architecture  Version             Repository    Size
================================================================
Upgrading:
 cockpit             x86_64        286.2-1.el9_2        baseos        39 k
 cockpit-bridge      x86_64        286.2-1.el9_2        baseos       268 k
 cockpit-packagekit  noarch        286.2-1.el9_2        appstream    690 k

（省略）

Transaction Summary
================================================================
Upgrade   11 Packages

Total download size: 13 M
Is this ok [y/N]:y  ←──── 「y」を入力

（省略）

  Verifying          : cockpit-packagekit-286.2-1.el9_2.noarch
             21/22
  Verifying          : cockpit-packagekit-286.1-1.el9.noarch
             22/22
```

```
Upgraded:
  cockpit-286.2-1.el9_2.x86_64                cockpit-bridge-286.2-1.el9_2⏎
.x86_64
  cockpit-packagekit-286.2-1.el9_2.noarch     cockpit-storaged-286.2-1.el9⏎
_2.noarch
  cockpit-system-286.2-1.el9_2.noarch         cockpit-ws-286.2-1.el9_2.x86⏎
_64
  systemd-252-14.el9_2.3.0.1.x86_64           systemd-libs-252-14.el9_2.3.⏎
0.1.x86_64
  systemd-pam-252-14.el9_2.3.0.1.x86_64       systemd-rpm-macros-252-14.el⏎
9_2.3.0.1.noarch
  systemd-udev-252-14.el9_2.3.0.1.x86_64

Complete!
```

これでシステム全体が最新になりました。

03-03 OSの自動アップデート

dnfコマンドを使ったアップデートは手動による操作が必要です。ソフトウェアのアップデートは毎日のようにありますので、その都度Linuxサーバーにログインしてdnfコマンドを実行するのは骨が折れます。それだけでなく、アップデートを忘れてしまうと、攻撃を受けてサーバーに侵入されたりデータを破壊されたりしてしまう恐れもあります。

Linuxでは、systemdのタイマーを使って、タスクを定期的・自動的に実行させることができます。DNFを使ったシステムアップデートを自動で処理するには、dnf-automaticというパッケージをインストールします。

dnf-automaticパッケージのインストール

```
$ sudo dnf -y install dnf-automatic
```

次に、設定ファイル/etc/dnf/automatic.confを編集します。

nanoエディタで/etc/dnf/automatic.confを編集

```
$ sudo nano /etc/dnf/automatic.conf
```

22行目にある以下の設定が「no」になっていますので「yes」に書き換えます（**リスト1**）。

リスト1：/etc/dnf/automatic.conf

```
apply_updates = yes
```

保存してnanoエディタを終了した後に、次のコマンドでsystemdのタイマー機能を使ってdnf-automaticを有効にします。systemctlコマンドについては次の節（P.115）で解説します。

dnf-automaticを有効にする

```
$ sudo systemctl start dnf-automatic.timer
$ sudo systemctl enable dnf-automatic.timer
```

参考　アップデートするパッケージによっては、それまで正常に動いていたWebアプリケーションが動かなくなる、といった不具合が生じる可能性があります。dnf-automaticによる自動アップデートをセキュリティアップデートに限定したい場合は、/etc/dnf/automatic.confファイル内で「upgrade_type = default」となっている箇所の「default」を「security」に変更してください。。

Column　**YUM**

Rocky LinuxやRed Hat Enterprise Linux、CentOSでは、これまでパッケージ管理システムとしてYUMを使ってきました。dnfコマンドに相当するコマンドがyumです。現在でも、yumコマンドを実行すると、dnfコマンドに置き換えられて実行されます。

04 ✳ 基本的なサーバー管理

 04-01 システム負荷の確認

　　サーバーが十分に仕事をこなしきれているかどうかは気になるところです。uptimeコマンドを実行すると、システム負荷を見ることができます。

システム負荷の確認

```
$ uptime
 04:38:37 up 1 day,  9:01,  1 user,  load average: 0.00, 0.16, 0.22
```

　　load averageの欄に着目してください。3つの数値が並んでいますが、これは過去1分間、5分間、15分間におけるシステム負荷を示しています。この数値がCPU数（CPUコア数）以下であれば、おおむね問題ありません。例えばCPUコア数が2のサーバーであれば、2.00が目安です。その目安を超える数値が、一時的ではなくずっと続いているようであれば、サーバーのスペックが足りていないと考えられます。サーバー上で稼働している処理を見直して軽くするか、ハードウェアを増強するか（VPSであれば、より高性能のプランに変更するか）を検討する必要があるでしょう。

 04-02 ディスクの使用状況の確認

　　ディスクの使用状況を調べるには、dfコマンドを実行します。

ディスクの使用状況の確認

```
$ df
Filesystem     1K-blocks      Used Available Use% Mounted on
devtmpfs            4096         0      4096   0% /dev
tmpfs             493332         0    493332   0% /dev/shm
tmpfs             197336      2920    194416   2% /run
/dev/vda2       51510924   2373416  46499896   5% /
tmpfs              98664         4     98660   1% /run/user/1000
```

　ファイルシステム（パーティション）ごとに表示されます。オプションを付けないとK（キロ）バイト単位で表示されて見づらいので、M（メガ）、G（ギガ）といった単位で表示してくれる-hオプションを付けて実行しましょう。

読みやすい単位でディスクの使用状況を表示

```
$ df -h
Filesystem     Size  Used Avail Use% Mounted on
devtmpfs       4.0M     0  4.0M   0% /dev
tmpfs          482M     0  482M   0% /dev/shm
tmpfs          193M  2.9M  190M   2% /run
/dev/vda2       50G  2.3G   45G   5% /  ●──── /ディレクトリ
tmpfs           97M  4.0K   97M   1% /run/user/1000
```

　左側にtmpfsという文字が含まれる行は仮想的なファイルシステムなので、ここでは無視してかまいません。devtmpfsも同様です。実際に使われているファイルシステムは、ここでは「/dev/vda2」です。「Used」欄には利用中のサイズが、「Avail」欄にはファイルシステムの使用可能なスペースのサイズが、「Use%」欄には利用率が表示されます。いずれも十分に余裕があることがわかります。

freeコマンドを実行すると、メモリとスワップの使用状況が確認できます（次ページの**表1**参照）。スワップは仮想的なメモリで、物理メモリが不足した際に使われるディスク上の領域です。

メモリとスワップの確認

```
$ free
              total        used        free      shared  buff/cache
available
Mem:         986852      410880      368752        3020      359616
575972
Swap:       2097148           0     2097148
```

　Kバイト単位では見づらいので、ここでも見やすい単位で表示する-hオプションを付けます。
　Memがメモリ、Swapはスワップの利用状況です。

メモリとスワップを見やすい単位で表示

```
$ free -h
              total        used        free      shared  buff/cache
available
Mem:          963Mi       401Mi       360Mi       2.0Mi       351Mi
562Mi
Swap:         2.0Gi          0B       2.0Gi
```

Chapter

5

サーバーを構築しよう

111

表1：freeの表示項目

項目	説明
total	合計メモリ（スワップ）
used	利用中のメモリ（スワップ）
free	使われていないメモリ（スワップ）
shared	仮想的な共有メモリ
buff/cache	バッファおよびキャッシュ
available	アプリケーション起動時にスワップなしで使えるメモリ

　Linuxでは、メモリが不足するとスワップが使われ始めます。スワップが常態で使われているようであれば、メモリが不足していると考えられます。その場合、システムのパフォーマンスは大きく低下しているはずです。メモリが余っていると、自動的にキャッシュに回されます。1回の計測だけで判断せず、定期的に測定してから判断するようにしてください。

参考　メモリとディスクのアクセス速度の差を小さくするのがバッファやキャッシュです。Linuxでは、ディスクへデータを書き込むとき、いったんメモリ上のバッファ領域に書き込んだ時点で書き込み完了とし、後からバックグラウンドで実際にディスクへ書き込みます。また、ディスクからいったん読み出したデータをメモリ上に残しておき、同じデータが再度アクセスされた場合はメモリ上のデータを利用することでパフォーマンスを高めます（キャッシュ）。

04-04 | 実行中のプロセスの確認

　Linuxでは、実行中のプログラムをプロセスという単位で扱います。プロセスを表示するpsコマンドにauxオプションを付けて実行すると、システム上で実行されているすべてのプロセスが表示されます。オプションに「-」を付けない点に注意してください。

実行中の全プロセスを表示

```
$ ps aux
USER         PID %CPU %MEM    VSZ    RSS TTY      STAT START   TIME COMMAND
root           1  0.1  1.6 172140  16324 ?        Ss   20:25   0:01 /usr/lib/↵
systemd/systemd rhgb --s
root           2  0.0  0.0      0      0 ?        S    20:25   0:00 [kthreadd]
root           3  0.0  0.0      0      0 ?        I<   20:25   0:00 [rcu_gp]
root           4  0.0  0.0      0      0 ?        I<   20:25   0:00 [rcu_par↵
_gp]
root           5  0.0  0.0      0      0 ?        I<   20:25   0:00 [slub_↵
flushwq]
root           6  0.0  0.0      0      0 ?        I<   20:25   0:00 [netns]
root           8  0.0  0.0      0      0 ?        I<   20:25   0:00 [kworker↵
/0:0H-events_highpri]
root          10  0.0  0.0      0      0 ?        I<   20:25   0:00 [kworker↵
/0:1H-events_highpri]
root          11  0.0  0.0      0      0 ?        I<   20:25   0:00 [mm_↵
percpu_wq]
root          13  0.0  0.0      0      0 ?        I    20:25   0:00 [rcu_↵
tasks_kthre]

（以下省略）
```

　多数のプロセスが動作しているのがわかります。じっくり確認したい場合は、less コマンドを使いましょう。

プロセス情報を less で確認

```
$ ps aux | less
```

　特定の名前のプロセスだけを確認したい場合は、grep コマンドを使って絞り込みましょう。grep コマンドは、指定した文字列が含まれる行だけを抜き出すコマンドです。次の例では、ps コマンドの実行結果から「ssh」という文字列が含まれる行だけを抜き出しています[5]。

---

[5]　最後の行には grep コマンド自身も含まれています。

sshという文字列が含まれるプロセス情報のみを表示

```
$ ps aux | grep ssh
root        727  0.0  0.8  15760   8816 ?        Ss   20:25    0:00 sshd: /usr↵
/sbin/sshd -D [listener] 0 of 10-100 startups
root       1011  0.0  1.1  19004  11656 ?        Ss   20:27    0:00 sshd: ↵
rocky [priv]
rocky      1030  0.0  0.6  19176   6596 ?        S    20:27    0:00 sshd: ↵
rocky@pts/0
rocky      1084  0.0  0.1   3332   1616 pts/0    S+   20:48    0:00 grep ↵
--color=auto ssh
```

04-05 システムの状態をモニタ

システムの状態をモニタしていたいときにはtopコマンドを使います。topコマンドを実行すると、画面が次のように変わります。

topコマンドの実行

```
$ top
```

topコマンド実行中の画面

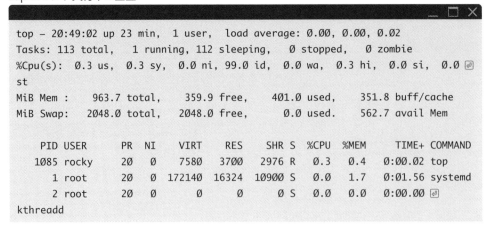

```
top - 20:49:02 up 23 min,  1 user,  load average: 0.00, 0.00, 0.02
Tasks: 113 total,   1 running, 112 sleeping,   0 stopped,   0 zombie
%Cpu(s):  0.3 us,  0.3 sy,  0.0 ni, 99.0 id,  0.0 wa,  0.3 hi,  0.0 si,  0.0 ↵
st
MiB Mem :    963.7 total,    359.9 free,    401.0 used,    351.8 buff/cache
MiB Swap:   2048.0 total,   2048.0 free,      0.0 used.    562.7 avail Mem

    PID USER      PR  NI    VIRT    RES    SHR S  %CPU  %MEM     TIME+ COMMAND
   1085 rocky     20   0    7580   3700   2976 R   0.3   0.4   0:00.02 top
      1 root      20   0  172140  16324  10900 S   0.0   1.7   0:01.56 systemd
      2 root      20   0       0      0      0 S   0.0   0.0   0:00.00 ↵
kthreadd
```

```
     3 root       0 -20       0       0       0 I   0.0   0.0   0:00.00 rcu_gp
     4 root       0 -20       0       0       0 I   0.0   0.0   0:00.00 rcu_⏎
par_gp
     5 root       0 -20       0       0       0 I   0.0   0.0   0:00.00 slub_⏎
flushwq
     6 root       0 -20       0       0       0 I   0.0   0.0   0:00.00 netns
     8 root       0 -20       0       0       0 I   0.0   0.0   0:00.00 ⏎
kworker/0:0H-events_highpri
    10 root       0 -20       0       0       0 I   0.0   0.0   0:00.05 ⏎
kworker/0:1H-events_highpri
    11 root       0 -20       0       0       0 I   0.0   0.0   0:00.00 mm_⏎
percpu_wq
    13 root      20   0       0       0       0 I   0.0   0.0   0:00.00 rcu_⏎
tasks_kthre
    14 root      20   0       0       0       0 I   0.0   0.0   0:00.00 rcu_⏎
tasks_rude_
    15 root      20   0       0       0       0 I   0.0   0.0   0:00.00 rcu_⏎
tasks_trace
    16 root      20   0       0       0       0 S   0.0   0.0   0:00.01 ⏎
ksoftirqd/0
    17 root      20   0       0       0       0 I   0.0   0.0   0:00.06 rcu_⏎
preempt
```

　1行目はuptimeコマンドの、4〜5行目はfreeコマンドの、6行目以降はpsコマンドの実行結果と同様の情報が表示されています。これらの情報は3秒間隔で更新されます。終了するにはqキーを押します。

04-06 サービスの管理

　サービスというのは、OS本体から切り離し可能な、何らかの役割を持ったサブシステムのことです。ログ管理サービスやネットワークサービス、各種サーバープログラムなどがサービスにあたります。サービスを管理するにはsystemctlコマンドを使います。systemctlコマンドの主なサブコマンドを表2に示します。

書式 **systemctl サブコマンド サービス名**

表2：systemctlコマンドの主なサブコマンド

サブコマンド	説明
start	サービスを開始する
stop	サービスを停止する
restart	サービスを再起動する
enable	システム起動時にサービスを自動的に開始する
disable	システム起動時にサービスが自動的に開始しないようにする
status	サービスの状態を表示する

　WebサーバーApache（httpd）で使い方を説明しましょう。Apacheは第6章で導入しますので、ここでは操作のみ説明します（実際の操作は次章で行ってください）。

httpdサービスの状態を表示する

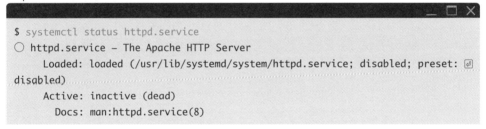

```
$ systemctl status httpd.service
○ httpd.service - The Apache HTTP Server
     Loaded: loaded (/usr/lib/systemd/system/httpd.service; disabled; preset: ↩
disabled)
     Active: inactive (dead)
       Docs: man:httpd.service(8)
```

　httpdサービス（httpd.service）は動作していません（inactive）。動作している場合は「active (running)」と表示されます。サービスの起動には管理者権限が必要なので、sudoコマンドを使います。

httpdサービスを開始する

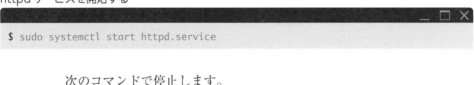

```
$ sudo systemctl start httpd.service
```

　次のコマンドで停止します。

httpdサービスを停止する

```
$ sudo systemctl stop httpd.service
```

システム起動時に、自動的にApacheが起動するようにしたい場合は、次のようにします。

httpdサービスを自動起動にする

```
$ sudo systemctl enable httpd.service
Created symlink /etc/systemd/system/multi-user.target.wants/httpd.service → ⏎
/usr/lib/systemd/system/httpd.service.
```

参考　サービス名を指定する際「.service」は、省略できるケースがほとんどです。

システムではたくさんのサービスが複雑に連係して動作しています。主なサービスを**表3**に示します。理解が不十分なうちは、不用意にサービスを停止しないようにしてください。

表3：主なサービス

サービス名	説明
firewalld.service	ファイヤウォールサービス
crond.service	スケジュール処理サービス
cups.service	印刷サービス
postfix.service	Postfixメールサーバー
rsyslog.service	システムログサービス
sshd.service	SSHサーバー
httpd.service	Apache Webサーバー

04-07 スケジュールの管理

Linuxのシステム管理では、バックアップなど定期的に実施すべきメンテナンス作業があります。指定したコマンドを定期的に実行する仕組みとしてcronがあり、crontabコマンドで管理します（**表4**）。1日に1回、1時間に1回、といった処理を自動的に実行する場合に使われます。

表4：crontabコマンドのオプション

オプション	説明
-e	スケジュール設定を編集する
-l	スケジュール設定を表示する
-r	すべてのスケジュール設定を削除する

crontabコマンドを実行すると、コマンドの実行スケジュールをエディタ（デフォルトはviエディタ）で編集できるようになりますので書式に従って設定を書き込みます。

書式 **crontab ［オプション］**

viエディタではなく、nanoエディタで編集したい場合は（本書ではこちらを推奨）、コマンド前に「EDITOR=nano」を付けてください。

スケジュール設定を編集

```
$ EDITOR=nano crontab -e
```

すると、スケジュール設定が編集できるようになるので（最初は何も書かれていません）、以下の書式に従って設定します。

書式 **分　時　日　月　曜日　実行コマンド**

実行スケジュールの書き方を**表5**に示します。指定した日時にマッチしたときコマンドが実行されます。「*」はすべてにマッチするワイルドカードです。
リスト2に設定例を示します。

表5：crontabコマンドでの日時指定例

日時指定例	説明
3 * * * *	毎時3分
30 23 * * *	毎日23時30分
30 23 1 * *	毎月1日23時30分
30 23 1 1 *	1月1日23時30分
30 23 * * 0	毎週日曜23時30分（0：日曜〜6：土曜）
*/5 * * * *	5分ごと

リスト2：スケジュール設定の記述例

```
* * * * * /usr/bin/uptime >> /tmp/uptime.log
```

この設定例はすべてのフィールドが「*」なので、crontabの最小単位である1分ごとにuptimeコマンドが実行されます。しばらく時間をおいてから出力先のファイルを見てみましょう。

crontabの出力先ファイルを確認

```
$ cat /tmp/uptime.log
 04:58:01 up 2 days,  9:21,  1 user,  load average: 0.00, 0.01, 0.05
 04:59:01 up 2 days,  9:22,  1 user,  load average: 0.00, 0.01, 0.05
 05:00:01 up 2 days,  9:23,  1 user,  load average: 0.00, 0.01, 0.05
 05:01:01 up 2 days,  9:24,  1 user,  load average: 0.00, 0.01, 0.05
 05:02:02 up 2 days,  9:25,  1 user,  load average: 0.00, 0.01, 0.05
```

スケジュール設定を削除するには次のコマンドを実行します。

スケジュール設定を削除

```
$ crontab -r
```

指定したコマンドは、crontabコマンドを実行したユーザーの権限で実行されます。つまり管理者権限が必要なコマンドを一般ユーザーで予約しても、実際には実行できませんので注意してください。

システム全体のスケジュール設定は、rootユーザーでcrontabコマンドを実行するほか、設定ファイルを記述する方法もあります。インストールしたプログラムによって自動的に設定ファイルが作成される場合もあります（**表6**）。

表6：cron関連の設定ファイルおよびディレクトリ

設定ファイル・ディレクトリ	説明
/etc/crontab	システム全体のスケジュール
/etc/cron.d/	個別の設定ファイルを格納するディレクトリ
/etc/cron.hourly/	1時間ごとに実行する設定ファイルを格納するディレクトリ
/etc/cron.daily/	1日ごとに実行する設定ファイルを格納するディレクトリ
/etc/cron.weekly/	1週間ごとに実行する設定ファイルを格納するディレクトリ
/etc/cron.monthly/	1ヶ月ごとに実行する設定ファイルを格納するディレクトリ

　　/etc/crontabファイルは**リスト3**のようになっています。全般的な環境の設定と、スケジュール設定の書き方が載っています。crontabコマンドでの設定と違うのは、実行コマンドの前に実行ユーザーを指定する欄があることです（crontabコマンドではcrontabコマンドを実行したユーザーの権限でコマンドが実行されます）。

リスト3：/etc/crontabファイル

```
SHELL=/bin/bash
PATH=/sbin:/bin:/usr/sbin:/usr/bin
MAILTO=root

# For details see man 4 crontabs

# Example of job definition:
# .---------------- minute (0 - 59)
# |  .------------- hour (0 - 23)
# |  |  .---------- day of month (1 - 31)
# |  |  |  .------- month (1 - 12) OR jan,feb,mar,apr ...
# |  |  |  |  .---- day of week (0 - 6) (Sunday=0 or 7) OR sun,mon,tue,wed,thu,fri,sat
# |  |  |  |  |
# *  *  *  *  * user-name  command to be executed
```

Column　anacron

Red Hat系のディストリビューションでは、anacronというスケジュール実行の仕組みも使われています。cronでは、システムが停止中に過ぎ去ってしまったスケジュールを後から実行することはありませんが、anacronならそうした事態に対応できます。また、/etc/cron.daily/、/etc/cron.weekly/、/etc/cron.monthly/以下のスケジュールは、cronによって起動されたanacronが実行します。anacronは、cronのように分単位で指定することはできませんが、指定した範囲内でタイミングをずらして実行してくれます。たくさんのサーバーでいっせいに同じ処理が走ると、ネットワークや共有ディスクに過大な負荷がかかってしまいますが、anacronならそれを回避できるわけです。

04-08 時刻の管理

　サーバーでは、システムの時刻が正確であることが求められます。時刻がずれていると、ログに記録される時刻があてにならず、他のサーバーとのやりとりでエラーが発生することがあります。Rocky Linux では、インターネット経由で時刻を正確に合わせる NTP という仕組みを使って、サーバーの時刻を自動的に調整しています。そのためのサービスは chronyd です。chronyd サービスの状態を確認してみましょう。

chronyd サービスの状態を確認

```
$ sudo systemctl status chronyd
* chronyd.service – NTP client/server
    Loaded: loaded (/usr/lib/systemd/system/chronyd.service; enabled; ⏎
preset: enabled)
    Active: active (running) since Sun 2023–08–17 14:56:42 JST; 1min 32s ago
      Docs: man:chronyd(8)
            man:chrony.conf(5)
   Process: 696 ExecStart=/usr/sbin/chronyd $OPTIONS (code=exited, status=0/⏎
SUCCESS)
  Main PID: 714 (chronyd)
     Tasks: 1 (limit: 5912)
    Memory: 4.2M
       CPU: 94ms
    CGroup: /system.slice/chronyd.service
            `–714 /usr/sbin/chronyd –F 2

Aug 17 14:56:42 rocky9 chronyd[714]: chronyd version 4.3 starting (+CMDMON ⏎
+NTP +REFCLOCK +RTC +PRI>
Aug 17 14:56:42 rocky9 chronyd[714]: Frequency –5.728 +/– 0.072 ppm read ⏎
from /var/lib/chrony/drift
Aug 17 14:56:42 rocky9 chronyd[714]: Using right/UTC timezone to obtain leap ⏎
second data
Aug 17 14:56:42 rocky9 chronyd[714]: Loaded seccomp filter (level 2)
Aug 17 14:56:42 rocky9 systemd[1]: Started NTP client/server.
Aug 17 14:57:07 rocky9 chronyd[714]: Selected source 122.215.240.51 (2.rocky.⏎
pool.ntp.org)
```

Chapter

5

サーバーを構築しよう

```
Aug 17 14:57:07 rocky9 chronyd[714]: System clock wrong by 3.017177 seconds
Aug 17 14:57:10 rocky9 chronyd[714]: System clock was stepped by 3.017177 ⏎
seconds
Aug 17 14:57:10 rocky9 chronyd[714]: System clock TAI offset set to 37 seconds
Aug 17 14:57:11 rocky9 chronyd[714]: Selected source 160.16.113.133 (2.rocky.⏎
pool.ntp.org)
```

「Active: active (running) 」と表示されれば、chronydサービスは稼働しています。

時刻同期の状況もあわせて確認してみましょう。左側で「*」マークのある行が、同期しているNTPサーバーです。

chronydサービスの時刻同期の状況を確認

```
$ chronyc -n sources
MS Name/IP address            Stratum Poll Reach LastRx Last sample
===============================================================================
=
^- 122.215.240.51                2    6   77     9  +5563us[+5563us] +/-   29ms
^- 45.76.211.39                  2    6   77     9  -1033us[-1033us] +/-   33ms
^* 160.16.113.133                3    6   77    10   +12us[ +548ns] +/- 2999us
^- 129.250.35.250                2    6   77     9  +4319us[+4319us] +/-   66ms
```

NTPでは、上位のNTPサーバーと同期して時刻合わせを行います。デフォルトでは、さくらインターネットのNTPサーバー「ntp1.sakura.ad.jp」が指定されています。そのままで問題ありませんが、NTPサーバーを指定したい場合は、設定ファイル/etc/chrony.confファイルの先頭付近にサーバーを指定する行がありますので、その部分を編集してください（**リスト4**）。

リスト4：/etc/chrony.confファイル

```
# These servers were defined in the installation:
server ntp1.sakura.ad.jp iburst

（以下省略）
```

6

Webページを
アップしてみよう

この章ではWebサーバーの構築を取り上げます。Apacheをインストールし、設定を適切に変更します。また、パスワード認証やログの見方についても解説します。

01 ✳ Apacheのインストール

01-01 Webサーバーと Web ブラウザ

　Webページ（ホームページ）の閲覧にはWebブラウザが使われます。Webブラウザには、Windows標準のEdge、macOS標準のSafari、Googleの提供するChromeなど、多くの種類があります。Webブラウザのもっとも基本的な機能は、Webサーバーにアクセスし、Webサーバーから Webページの情報を取得して画面上に表示することです。Webサーバーと Web ブラウザとの間の通信には、HTTP[*1] というプロトコルが使われます。Webサーバーは通常、80番ポートを使ってWebブラウザからの接続を待ち受けます（**図1**）。

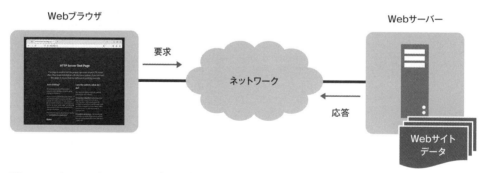

図1：WebサーバーとWebブラウザ

＊1　Hypertext Transfer Protocol の略。

Webページはコンテンツの構造を記述するHTML、デザインを記述するCSS、動的な構成やユーザーインターフェースを記述するJavaScriptなどで構成されています。

01-02 | Apache HTTP Server

Linuxで使われているWebサーバーとしてもっとも高いシェアを持つのはApache HTTP Server（略してApache）です（**図2**）。Apacheは、オープンソースのさまざまなソフトウェアを開発しているApache ソフトウェア財団が開発しているソフトウェアです。

図2：Apache HTTP ServerのWebサイト
　　　URL:https://httpd.apache.org/

参考 Apacheソフトウェア財団は300以上のオープンソース・プロジェクトを推進しています。代表的なプロダクトとしては、Webアプリケーション・フレームワークのStruts、Java ServletコンテナのTomcat、大規模分散処理基盤のHadoop、ビルドツールのAntなどがあります。

　Apacheのバージョンは、執筆時点での最新版はバージョン2.4.58ですが、Rocky Linux 9ではバージョン2.4.57（2024年2月現在）が採用されています。

01-03 | Apacheのインストール

　それでは、dnfコマンドを使ってApacheをインストールしましょう。Apacheのパッケージ名はhttpdです。

httpdパッケージをインストール

```
$ sudo dnf -y install httpd

（省略）

Installed:
  apr-1.7.0 12.el9_3.x86_64                 apr-util-1.6.1-23.el9.x86_64
  apr-util-bdb-1.6.1-23.el9.x86_64          apr-util-openssl-1.6.1-23.⏎
el9.x86_64
  httpd-2.4.57-5.el9.x86_64                 httpd-core-2.4.57-5.el9.⏎
x86_64
  httpd-filesystem-2.4.57-5.el9.noarch      httpd-tools-2.4.57-5.el9.⏎
x86_64
  mailcap-2.1.49-5.el9.noarch               mod_http2-1.15.19-5.el9.⏎
x86_64
  mod_lua-2.4.57-5.el9.x86_64               rocky-logos-httpd-90.14-2.⏎
el9.noarch

Complete!
```

　関連のあるパッケージも含めてインストールできました。

参考　ApacheのWebサイトから最新版をダウンロードしてインストールすることもできますが、RPMパッケージが提供されていないので、その場合はソースをコンパイルする必要があります。バージョン管理、セキュリティ対策も個別にしなければならなくなりますし、他のソフトウェアとの連係も煩雑になります。ある程度スキルが身につくまでは、ディストリビューションの標準パッケージを利用することをお勧めします。

02 ✳ Apacheの基本

02-01 ドキュメントルート

　Webで公開するトップディレクトリをドキュメントルートといいます（**図3**）。デフォルトでは、ドキュメントルートは/var/www/htmlディレクトリとなっています。つまり、/var/www/html/index.htmlというファイルを作成すると、「http://サーバー名/index.html」として外部からアクセスできる、というわけです。

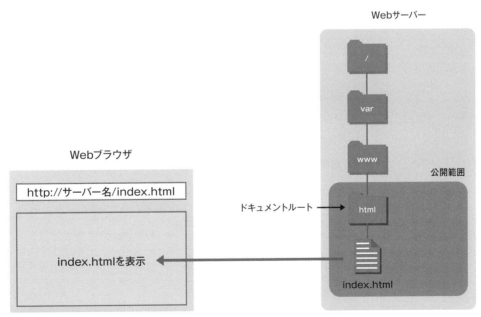

図3：ドキュメントルート

　　ドキュメントルート以下は、ファイルの書き込みにrootユーザー権限が必要です。

 02-02 | 設定ファイル httpd.conf

　　Apacheのメイン設定ファイルは、/etc/httpd/conf/httpd.confです。httpd.confの一部を**リスト1**に挙げます。

リスト1：httpd.confファイルの一部

```
# ServerRoot: The top of the directory tree under which the server's
# configuration, error, and log files are kept.
#
# Do not add a slash at the end of the directory path.  If you point
# ServerRoot at a non-local disk, be sure to specify a local disk on the
# Mutex directive, if file-based mutexes are used.  If you wish to share the
# same ServerRoot for multiple httpd daemons, you will need to change at
# least PidFile.
#
ServerRoot "/etc/httpd"
```

　　「#」で始まる行は、設定ではなく説明が書かれたコメント行です。上の例では一番下の行が設定です。設定は基本的に、次のような書き方をします。

書式　　**ディレクティブ　設定値**

　　ディレクティブとは設定項目名のことです（**表1**）。Apacheの設定では、設定変更に必要なディレクティブを確認し、その設定値を変更します。

表1：主なディレクティブ

ディレクティブ	説明
ServerRoot	設定ファイル等を配置するトップディレクトリ
Listen	Apacheが待ち受けるポート番号
User	Apacheの実行ユーザー
Group	Apacheの実行グループ
ServerAdmin	Apacheの管理者
ServerName	Webサーバー名
DocumentRoot	ドキュメントルート
DirectoryIndex	インデックスファイル名

ServerRoot

設定ファイル等を配置するトップディレクトリを指定します（**リスト2**）。httpd.confファイル内で相対パスを指定すると、このディレクトリが起点となります。変更する必要はありません。

リスト2：ServerRootディレクティブの設定例

```
ServerRoot "/etc/httpd"
```

Listen

Apacheが待ち受けるポート番号を指定します。Webサーバーは80番ポートで待ち受けますから、通常は変更する必要はありません（**リスト3**）。

リスト3：Listenディレクティブの設定例

```
Listen 80
```

User/Group

Apacheの実行ユーザーと実行グループを指定します[*2]。デフォルトで

＊2　より正確には、Apacheの子プロセスの実行ユーザーと実行グループを指定します。

はapacheユーザー、apacheグループが指定されています（**リスト4**）。Apacheが扱うコンテンツは、ここで指定したユーザー、グループが利用できるアクセス権が設定されている必要があります。変更する必要はありません。

リスト4：UserおよびGroupディレクティブの設定例

```
User apache
Group apache
```

ServerAdmin

Apacheが稼働しているサーバーの管理者のメールアドレスを指定します（**リスト5**）。デフォルトのままでもかまいません。

リスト5：ServerAdminディレクティブの設定例

```
ServerAdmin root@localhost
```

ServerName

Webサーバーの名前を指定します。このディレクティブは、デフォルトではコメントになっていますので、コメントを解除（行頭の「#」を削除）しなければ有効になりません。ここにはホスト名を指定するとよいでしょう（**リスト6**）。「:80」のようにポートを指定することもできますが、省略してかまいません。

リスト6：ServerNameディレクティブの設定例

```
ServerName www.example.com
```

DocumentRoot

ドキュメントルートを絶対パスで指定します（**リスト7**）。ここで指定し

たディレクトリ以下へは、UserおよびGroupディレクティブで指定した
ユーザー、グループがアクセスできる必要があります。

リスト7：DocumentRootディレクティブの設定例

```
DocumentRoot "/var/www/html"
```

DirectoryIndex

URLでファイル名まで指定されなかったとき、例えば「http://www.
example.com/sample/」のようにディレクトリ名までしか指定されなかっ
たときに、インデックス（索引）ファイルとしてWebブラウザに送るファ
イルの名前を指定します（**リスト8**）。通常はindex.htmlやindex.htm、
index.phpといったファイルが使われます。

リスト8：DirectoryIndexディレクティブの設定例

```
DirectoryIndex index.html
```

02-03 設定の変更

ここでは、ServerNameディレクティブのみ設定することにします。こ
のディレクティブが設定されていないと、Apache起動時に警告メッセー
ジが出てきてしまいます。**表2**のとおりに変更してください。

httpd.confを編集

```
$ sudo nano /etc/httpd/conf/httpd.conf
```

表2：httpd.confの編集

変更前	変更後
#ServerName www.example.com:80	ServerName www.example.com

　変更が終わったら、念のため構文チェックコマンドを実行してhttpd. confファイルの構文チェックをしておきましょう。次のコマンドを実行し 「Syntax OK」と表示されればOKです。

構文チェックの実施

```
$ httpd -t
Syntax OK
```

　もしミスがあれば、次のように指摘してくれます。

構文チェックの実施とエラーメッセージ

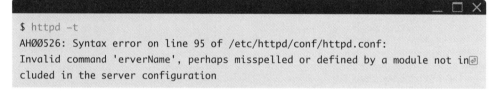

```
$ httpd -t
AH00526: Syntax error on line 95 of /etc/httpd/conf/httpd.conf:
Invalid command 'erverName', perhaps misspelled or defined by a module not in↵
cluded in the server configuration
```

　95行目に文法エラー、「erverName」は無効、スペルミスじゃないか、 と指摘してくれます。どうやらコメント記号を削除するときに余分に消し てしまったようです。正しく「ServerName」に編集しましょう。

注!意　表示される行番号の箇所に必ず間違いがあるとは限りません。指摘された行番号前後に も注意を払って確認してください。

02-04 | Apacheの起動

　次のコマンドでApacheを起動できます。

Apacheの起動

```
$ sudo systemctl start httpd.service
```

システムが起動したときにApacheも自動的に起動するようにするには、次のコマンドを実行しておきます。

Apacheを自動的に起動

```
$ sudo systemctl enable httpd.service
```

Apacheを起動すると、複数のhttpdプロセスが生成されます。サーバーへのアクセスがあってからhttpdプロセスを起動するとタイムラグが生じてしまいます。そこで、あらかじめいくつかの予備プロセスを起動しておくことで、スムーズに応答が進むようにしているのです。

すべてのプロセスから「httpd」プロセスを抜き出して表示

```
$ ps ax | grep httpd
  3241 ?        Ss     0:00 /usr/sbin/httpd –DFOREGROUND
  3243 ?        S      0:00 /usr/sbin/httpd –DFOREGROUND
  3244 ?        Sl     0:00 /usr/sbin/httpd –DFOREGROUND
  3245 ?        Sl     0:00 /usr/sbin/httpd –DFOREGROUND
  3246 ?        Sl     0:00 /usr/sbin/httpd –DFOREGROUND
  3464 pts/0    S+     0:00 grep --color=auto httpd
```

02-05 | ファイヤウォールの設定

さくらのVPSでは、デフォルトでファイヤウォールが設定されており、VPSのWebサーバーへはアクセスできない状態になっています。そのため、Apacheを起動しただけでは外部からアクセスできません。ファイヤウォールの設定を変更し、80番ポート（http）へのアクセスを許可しましょう。

　コントロールパネルの「サーバー」から「パケットフィルターを設定」をクリックします（**図4**）。デフォルトでは、SSH（22番ポート）のみが許可されている状態です。

図4：コントロールパネルのサーバーメニュー

　「パケットフィルターを設定」ボタン、「パケットフィルター設定を追加する」ボタンの順にクリックし、接続可能ポートとして「Web」を選択し「追加」ボタンをクリックします（**図5**）。

図5：接続可能ポートを追加

　これで、**図6**のような設定になったはずです。「設定を保存する」ボタンをクリックして保存します。

図6：パケットフィルター設定が追加された

これでWebブラウザからアクセスできるようになったはずです。Web
ブラウザのアドレス欄に「http://VPSのIPアドレス/」を入力してくださ
い。テストページが表示されれば成功です（**図7**）。

図7：Apacheのテストページ

テストページは、ドキュメントルートに何もファイルが存在しない場合に表示されます。

> 注！意　さくらのVPSでは無効化されていますが、Rocky Linuxはデフォルトでファイヤウォールが使えます（上記で設定したさくらのVPSのファイヤウォールとは別です）。Rocky Linuxのファイヤウォールは、firewall-cmdコマンドで設定します。第8章第2節を参照してください。

02-06 | HTMLファイルの作成

HTMLファイルを作成して、それを表示させてみましょう。次のコマンドを実行し、**リスト9**の内容を入力して保存します。ドキュメントルート以下への書き込みはrootユーザー権限が必要なので、sudoを忘れないように。

/var/www/html/htmltest.htmlを作成

```
$ sudo nano /var/www/html/htmltest.html
```

リスト9：/var/www/html/htmltest.html

```
<html>
<head>
<title>Test Page</title>
</head>
<body>
<p>Apache test page</p>
</body>
</html>
```

保存したら、Webブラウザから「http://VPSのIPアドレス/htmltest.html」にアクセスしてみてください。**図8**のように表示されます。

図8：テストページの表示

03 ✳ パスワード認証の設定

03-01 | 基本認証とは

　ユーザー名とパスワードを入力しなければWebページが見られないようにするための方法はいくつかありますが、もっとも簡単な方法が基本認証（BASIC認証）という仕組みを使うことです。基本認証は、あらかじめApacheにユーザー名とパスワードを登録しておき、特定のディレクトリ以下にアクセスがあれば認証を求めるという仕組みです。

参考　基本認証と似た仕組みにダイジェスト認証があります。ダイジェスト認証の方が安全性が高くなっています。基本認証は認証データがそのままネットワーク上を流れるため、万が一盗聴されているとパスワード等が漏洩してしまう恐れがあります。

　基本認証を利用するには、まず基本認証用のユーザーをApacheに登録します。ここでは、ユーザー名とパスワードを登録するファイルを /etc/httpd/conf.d/htpasswd、ユーザー名をwebuserとしておきます。初回のみ-cオプションを指定します（パスワードファイルが作成されます）。

書式　**htpasswd [-c] ファイル名 ユーザー名**

認証用のユーザーwebuserを登録

```
$ sudo htpasswd -c /etc/httpd/conf.d/htpasswd webuser
New password: ●──── 設定したいパスワードを入力
Re-type new password: ●──── パスワードを再入力
Adding password for user webuser
```

パスワードファイルの内容を確認してみましょう。ユーザー名と、暗号化されたパスワードが格納されています。

/etc/httpd/conf.d/htpasswdの内容を表示

```
$ sudo cat /etc/httpd/conf.d/htpasswd
webuser:
```

暗号化されているとはいえ、外部に流出すると、簡単にパスワードを特定されてしまいます。Apache用に作られたapacheユーザー、apacheグループのみアクセスできるよう、ファイルの所有者と所有グループ、アクセス権を変更しておきます。

パスワードファイルのパーミッション変更

```
$ sudo chown apache /etc/httpd/conf.d/htpasswd
$ sudo chgrp apache /etc/httpd/conf.d/htpasswd
$ sudo chmod 600 /etc/httpd/conf.d/htpasswd
```

次に、どの範囲（ディレクトリ）に対して基本認証を適用するか、について設定します。設定は/etc/httpd/conf.d/auth.confファイルに記述します[*3]。/etc/httpd/conf.dに配置された「～.conf」ファイルは、追加の設定ファイルとしてhttpd.conf内に読み込まれます。

/etc/httpd/conf.d/auth.confをnanoエディタで開く

```
$ sudo nano /etc/httpd/conf.d/auth.conf
```

＊3　ファイル名はauth.confでなくてもかまいません。

リスト10の内容を記述してください。

リスト10：/etc/httpd/conf.d/auth.conf

```
<Directory "/var/www/html">
  AuthType Basic
  AuthName "Private Area"
  AuthUserFile /etc/httpd/conf.d/htpasswd
  Require valid-user
</Directory>
```

　<Directory>と</Directory>で囲まれた範囲に、特定のディレクトリ（ここでは/var/www/html）以下に適用する設定を記述します（**表3**）。この例ではドキュメントルートを指定しましたが、<Directory "/var/www/html/secret">のように任意のディレクトリを指定することもできます。

表3：基本認証の設定

ディレクティブ	説明
AuthType	BASICを指定すると基本認証
AuthName	この認証名（認証ウィンドウに表示）
AuthUserFile	パスワードファイル名
Require	認証ユーザー（valid-userならパスワードファイルに書かれた全ユーザー）

　設定を変更した場合は、Apacheに設定ファイルを再読み込みさせて変更を反映させる必要があります[*4]。

Apacheの設定ファイルを再読み込み

```
$ sudo systemctl reload httpd.service
```

　再度Webブラウザからアクセスしてみましょう。**図9**のような認証ウィンドウが出ればOKです。ユーザー名とパスワードを入力してください。

[*4]　Apacheを再起動してもかまいませんが、接続中の処理に影響が出ることがあります。

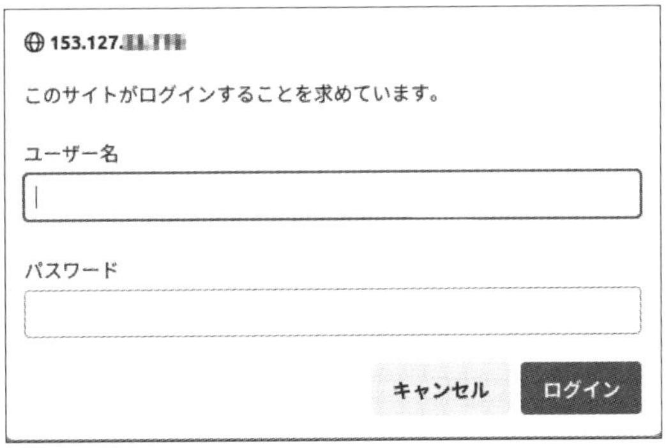

図9：認証ウィンドウ

　確認できたら、/etc/httpd/conf.d/auth.conf ファイルは削除しておきましょう。

/etc/httpd/conf.d/auth.conf ファイルを削除

```
$ sudo rm /etc/httpd/conf.d/auth.conf
```

Column **設定ファイルの再読み込み**

Apacheは起動時に設定ファイルを読み込みます。そのため、Apacheが起動しているときに設定ファイルの内容を変更して保存しても、Apacheは古い設定のままで動作しています。これはApacheに限らず、サーバーソフトウェア全般にいえることです（一部例外があります）。設定ファイルの変更を適用するには、サーバーソフトウェアに設定ファイルを再読み込みさせるか（systemctl reload）、サーバーソフトウェアを再起動させます（systemctl restart）。

04 ✳ アクセスログ

04-01 | アクセスログとは

　　Apacheは、Linux本体のログ管理とは別に、さまざまな情報をログファイルとして保存します。代表的なログはアクセスログで、Apacheへのアクセス記録がログファイルに保存されます。アクセスログには、アクセス元のIPアドレス、アクセスされたページ、アクセス元のWebブラウザの種類などが記録されますので、Webサイトのアクセス解析に利用できます。

　　アクセスログファイルは、Rocky Linuxでは/var/log/httpd/access_logです。/var/log/httpdディレクトリ以下にアクセスするにはrootユーザーの権限が必要です。

lessコマンドでアクセスログを閲覧

```
$ sudo less /var/log/httpd/access_log
```

　　アクセスログには、1行につき1アクセスで情報が記録されています（**リスト11**）。

リスト11：アクセスログの例1

```
10.20.227.149 - webuser [11/Aug/2023:19:21:56 +0900] "GET /htmltest.html ⏎
HTTP/1.1" 200 95 "-" "Mozilla/5.0 (Windows NT 10.0; Win64; x64; rv:109.0) ⏎
Gecko/20100101 Firefox/116.0"
```

- アクセス元IPアドレス（10.20.227.149）

- 認証ユーザー（webuser）

- アクセス日時（11/Aug/2023:19:21:56）

- リクエストされたページ（/htmltest.html）

- アクセスしたWebブラウザ（Firefox）

といったことが読み取れます。このアクセスが成功したかどうかは、「HTTP/1.1」の後にある「200」という数値で判別できます。この数値をステータスコードといい、HTTPで意味が定められています（**表4**）。

表4：主なステータスコード

ステータスコード	説明
200（OK）	リクエストが成功した
401（Unauthorized）	ユーザー認証が必要なページで失敗した
403（Forbidden）	アクセスが禁止されている
404（Not Found）	リクエストされたファイルが存在しない
500（Internal Server Error）	サーバー内部でエラーが発生した

　ほかにも例を見ておきましょう。

リスト12：アクセスログの例2

```
10.20.227.149 - - [11/Aug/2023:19:27:03 +0900] "GET /secret.html HTTP/1.1" ⏎
404 196 "-" "Mozilla/5.0 (Windows NT 10.0; Win64; x64; rv:109.0) Gecko/⏎
20100101 Firefox/116.0"
```

　リスト12は、指定されたファイル（/secret.html）が見つからなかった（ステータスコードが404）というログです。原因としてユーザーがURLの入力を間違えている、Webサイト内のリンクにミスがある、などが考えられます。また、ファイル名によっては、脆弱性を狙った攻撃が試されている場合もあります。

リスト13：アクセスログの例3

```
10.20.227.149 - webusr [11/Aug/2023:19:31:08 +0900] "GET /test.html HTTP/⏎
1.1" 401 381 "-" "Mozilla/5.0 (Windows NT 10.0; Win64; x64; rv:109.0) ⏎
Gecko/20100101 Firefox/116.0"
```

　　リスト13は、基本認証が失敗した（ステータスコードが401）ログです。
ユーザー名が「webuser」ではなく「webusr」となっていることから、
ユーザー名の入力ミスと思われます。

04-02 エラーログ

　　アクセスログとは別に、/var/log/httpd/error_logというエラーログ
ファイルもあります。こちらのログファイルには、各種エラー記録のほ
か、Apacheが起動したり終了したりしたときの内部的な動作も記録され
ます。いくつか例を見てみましょう。

リスト14：エラーログの例1

```
[Fri Aug 11 19:19:55.939089 2023] [autoindex:error] [pid 1453:tid 1647]⏎
 [client 10.20.227.149:60226] AH01276: Cannot serve directory /var/www/html⏎
/: No matching DirectoryIndex (index.html) found, and server-generated ⏎
directory index forbidden by Options directive
```

　　リスト14は「index.html」「index.php」といったインデックスファイル、
つまりファイル名が指定されずアクセスされたときにデフォルトで使われ
るファイル名のファイルが存在せず、ファイル名一覧の作成も禁止されて
いるというエラーです。

リスト15：エラーログの例2

```
[Fri Aug 11 19:22:34.316445 2023] [auth_basic:error] [pid 1459] [client ⏎
10.20.227.149:60226] AH01618: user webusr not found: /
```

リスト**15**は基本認証で、入力されたユーザー（webusr）が見つからなかった、というエラーです。

リスト16：エラーログの例3

```
[Fri Aug 11 19:34:46.952890 2023] [mpm_event:notice] [pid 1451:tid 1451] AH00⏎
492: caught SIGWINCH, shutting down gracefully
[Wed Aug 23 19:34:48.000993 2023] [core:notice] [pid 1905:tid 1905] SELinux ⏎
policy enabled; httpd running as context system_u:system_r:httpd_t:s0
[Wed Aug 23 19:34:48.001859 2023] [suexec:notice] [pid 1905:tid 1905] AH01232⏎
: suEXEC mechanism enabled (wrapper: /usr/sbin/suexec)
[Wed Aug 23 19:34:48.012821 2023] [lbmethod_heartbeat:notice] [pid 1905:tid ⏎
1905] AH02282: No slotmem from mod_heartmonitor
[Wed Aug 23 19:34:48.020312 2023] [mpm_event:notice] [pid 1905:tid 1905] AH0⏎
0489: Apache/2.4.53 (Rocky Linux) configured -- resuming normal operations
[Wed Aug 23 19:34:48.020334 2023] [core:notice] [pid 1905:tid 1905] AH00094: ⏎
Command line: Fri Aug 11/usr/sbin/httpd -D FOREGROUNDFri Aug 11
```

リスト**16**はApacheを再起動したときのログです。エラーではありませんので、意図せず再起動（Apacheが異常終了など）したような場合を除いては無視してかまいません。

注**!**意 ログファイルは次々に書き込まれてサイズが大きくなるので、定期的にバックアップが行われます。バックアップファイルは「access_log-20230809」のようにバックアップ日がファイル名に付け加えられます。

7

LAMP サーバー
を作ってみよう

この章では、実用的なサーバー構築演習として、Webアプリケーションの実行環境としてメジャーなLAMP (Linux、Apache、MariaDB、PHP) 環境を構築し、CMSとして有名なWord Pressを動かしてみます。

01 ✳ LAMPサーバーとは

 01-01 | Webアプリケーションのプラットフォーム

　Webアプリケーションをサーバー上で動かすには、Apacheだけでは不十分です。WebアプリケーションのWebページは、利用者ごとに、あるいは利用シーンごとに変わります（例えばFacebookのページを想像してください）。最初から固定的なHTMLファイルが用意されているのではなく、WebブラウザからアクセスがあるごとにプログラムがWebページを生成しているのです。また、Webアプリケーションに格納されるデータは、一般的にはデータベースに格納されます。まとめると、Webアプリケーションには、OS（Linux）、Webサーバー（Apache）、プログラミング言語（の実行環境）、データベース（データベース管理システム）が必要です。これらの組み合わせとして広く利用されているのがLAMPサーバーです（**図1**）。

Apache （Webサーバー）	MySQL/MariaDB （データベース）	PHP/Python/Perl （プログラミング言語）
Linux (OS)		

図1：LAMPサーバー環境

　LinuxとApacheについてはすでに説明済みですので、次の節でデータベース管理システムとプログラミング言語について説明します。

01-02 | MySQL/MariaDB

　データベースは、検索や管理がやりやすいよう一定のルールに従って蓄積されたデータの集合です。そのデータベースを管理するソフトウェアがデータベース管理システム（DBMS：DataBase Management System）です。データベース管理システムには、Oracle Database、Microsoft SQL Serverなどの商用製品と並んで、MySQL、MariaDB、PostgreSQLといったオープンソースソフトウェアもよく知られています。とりわけ、LinuxではMySQLが世界的に使われてきました。Rocky Linuxに搭載されているMariaDBは、MySQLから枝分かれして開発が進められているデータベース管理システムです（**図2**）。MySQLから分離してそれほど年月が経っていないため、MySQLの名残があちこちに見られるほか、機能的にも扱い方にもMySQLと大きな違いはありません。

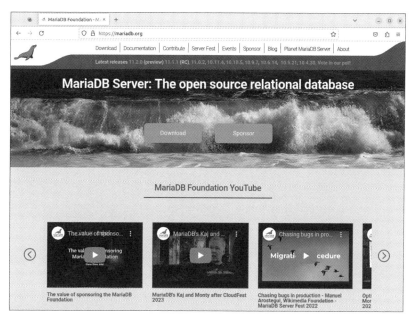

図2：MariaDBのトップページ

参考 MySQL/MariaDBと並び、特に人気が高いデータベース管理システムがPostgre SQLです。MySQL/MariaDBをPostgreSQLに置き換えた構成をLAPP（Linux/ Apache/PostgreSQL/PHP）と呼ぶことがあります。

Column SQLとリレーショナルデータベース

SQLはリレーショナルデータベース（RDB）を扱うための言語です。リレーショナル データベースは、現在広く用いられているデータベースの方式で、行（レコード）と列 （フィールド）から構成されるテーブルという概念でデータの集合を管理します。表計 算ソフトのワークシートをイメージすればよいでしょう。SQLは標準規格が定められ ているので、データベース管理システムが違っても原則的には互換性が維持されます。 ただし、データベース管理システムによって一部の機能が実装されていなかったり、 固有の機能が使われていたりすることがあります。そのため、既存のWebアプリケー ションを導入する際は、どのデータベース管理システムを用いるのか、事前に確認し ておきましょう。

01-03 PHP/Python/Perl/Ruby

　Webアプリケーションを作成するプログラミング言語には、軽量言語 （Lightweight Language：LL）と呼ばれるスクリプト言語が一般的に使わ れます。プログラミング言語は大きく分けて、プログラマーの書いたソー スコードをコンパイルして実行形式に変換するコンパイラ型と、ソース コードのまま実行可能なインタープリター型があります。インタープリター 型の言語をスクリプト言語といいます[1]。スクリプト言語の中でも、Web アプリケーションの作成によく使われるのがPHP、Python、Perl、Ruby といった言語です（**表1**、Rubyの頭文字がPでない点は気にしないでくだ

---

[1] プログラミング言語については厳密に区分できるものではないので、ざっくりとした説明にとどめ ておきます。詳しく知りたい方は専門の書籍などをお読みください。

さい)。

PHP

　Webアプリケーションの作成に特化したスクリプト言語。習得が比較的容易で、シンプルなものから大規模なWebアプリケーションまで作成できます。ファイルの拡張子は「.php」。

Python

　Googleも公式採用している、人気の高いスクリプト言語。Linuxのシステム処理の一部にも使われています。ファイルの拡張子は「.py」。

Perl

　歴史のあるスクリプト言語。初期のインターネットでは主にPerlで簡単なWebアプリケーションが作成されていました。拡張子は「.pl」。

Ruby

　日本発のスクリプト言語。WebアプリケーションのフレームワークであるRuby on Railsで有名になりました。拡張子は「.rb」。

表1：プログラミング言語の公式Webサイト

言語	Webサイト
PHP	https://php.net/
Python	https://www.python.org/
Perl	https://www.perl.org/
Ruby	https://www.ruby-lang.org/

02 必要なソフトウェアのインストール

 02-01 MariaDBのインストール

ここから、LAMPサーバーに必要なソフトウェアをインストールして
いきます。まずはデータベース管理システムMariaDBをインストールし
ましょう。dnfコマンドを使って2つのパッケージをインストールします。

MariaDBのインストール

```
$ sudo dnf -y install mariadb-server
```

これで、MariaDB本体と関連プログラム、MariaDBクライアントソフ
トウェア類がインストールされました。次に設定ファイル/etc/my.cnf.d/
mariadb-server.cnfを変更して、日本語が正しく扱えるようにします。

設定ファイル/etc/my.cnf.d/mariadb-server.cnfをnanoエディタで開く

```
$ sudo nano /etc/my.cnf.d/mariadb-server.cnf
```

リスト1のような箇所があるので、「character-set-server=utf8」を追加
して保存します。このファイルも「#」で始まる行はコメント行です。

リスト1：/etc/my.cnf.d/mariadb-server.cnf（抜粋）

```
[mysqld]
datadir=/var/lib/mysql
socket=/var/lib/mysql/mysql.sock
log-error=/var/log/mariadb/mariadb.log
pid-file=/run/mariadb/mariadb.pid
character-set-server=utf8 ●──── この行を追加
```

　　　MariaDBを起動します。ついでにシステム起動時に自動起動するよう
にもしておきましょう。

MariaDBの起動

```
$ sudo systemctl start mariadb
$ sudo systemctl enable mariadb
```

02-02 | MariaDBの初期設定

　　　引き続き、MariaDBの初期設定を行います。初期設定コマンドmysql_
secure_installationを実行すると、最初にしなければならない設定を対話
的に実施できます。

MariaDBの初期設定

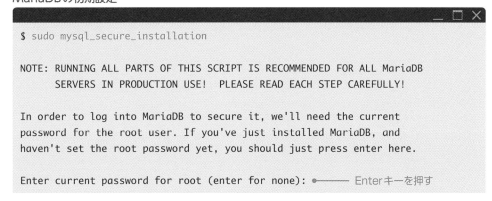

```
$ sudo mysql_secure_installation

NOTE: RUNNING ALL PARTS OF THIS SCRIPT IS RECOMMENDED FOR ALL MariaDB
      SERVERS IN PRODUCTION USE!  PLEASE READ EACH STEP CAREFULLY!

In order to log into MariaDB to secure it, we'll need the current
password for the root user. If you've just installed MariaDB, and
haven't set the root password yet, you should just press enter here.

Enter current password for root (enter for none): ●──── Enterキーを押す
```

```
OK, successfully used password, moving on...

Setting the root password or using the unix_socket ensures that nobody
can log into the MariaDB root user without the proper authorisation.

You already have your root account protected, so you can safely answer 'n'.

Switch to unix_socket authentication [Y/n] n  ●──── nを入力
 ... skipping.

You already have your root account protected, so you can safely answer 'n'.

Change the root password? [Y/n] y  ●──── yを入力
New password:                    ●──── MariaDBの管理者パスワードを設定
Re-enter new password:           ●──── 管理者パスワードを再入力
Password updated successfully!
Reloading privilege tables..
 ... Success!


By default, a MariaDB installation has an anonymous user, allowing anyone
to log into MariaDB without having to have a user account created for
them.  This is intended only for testing, and to make the installation
go a bit smoother.  You should remove them before moving into a
production environment.

Remove anonymous users? [Y/n] y  ●──── yを入力
 ... Success!

Normally, root should only be allowed to connect from 'localhost'.  This
ensures that someone cannot guess at the root password from the network.

Disallow root login remotely? [Y/n] y  ●──── yを入力
 ... Success!

By default, MariaDB comes with a database named 'test' that anyone can
access.  This is also intended only for testing, and should be removed
before moving into a production environment.

Remove test database and access to it? [Y/n] y  ●──── yを入力
 - Dropping test database...
 ... Success!
 - Removing privileges on test database...
```

```
 ... Success!

Reloading the privilege tables will ensure that all changes made so far
will take effect immediately.

Reload privilege tables now? [Y/n] y  ──── yを入力
 ... Success!

Cleaning up...

All done!  If you've completed all of the above steps, your MariaDB
installation should now be secure.

Thanks for using MariaDB!
```

　大事な箇所は、MariaDBのrootパスワードを設定するところです。この root ユーザーはMariaDBの管理者ユーザーのことであり、Linuxの root ユーザーではありません。設定したパスワードは忘れないようにしておいてください。

参考　Linuxのrootユーザーと同じく、MariaDBのrootユーザーも強力な権限を持っていて、すべてのデータベースの作成、削除や、MariaDBユーザーの追加、削除といった操作ができます。

 02-03 PHPのインストール

　次に、PHPをインストールします。PHP本体であるphpパッケージとあわせて、日本語などのマルチバイト文字を扱うためのphp-mbstringパッケージ、PHPで画像ライブラリを扱うphp-gdパッケージ、PHPとMariaDB/MySQLを連係させるphp-mysqlndパッケージもインストールします。関連するパッケージもあわせてインストールされます。

PHPと関連パッケージのインストール

```
$ sudo dnf -y install php php-mbstring php-gd php-mysqlnd
```

　　PHPがちゃんとインストールされたか確認しましょう。次のコマンド
でバージョンが表示されればOKです。

PHPのバージョン確認

```
$ php --version
PHP 8.0.27 (cli) (built: Jan  3 2023 16:17:26) ( NTS gcc x86_64 )
Copyright (c) The PHP Group
Zend Engine v4.0.27, Copyright (c) Zend Technologies
    with Zend OPcache v8.0.27, Copyright (c), by Zend Technologies
```

　　ところで、Apacheよりも後からPHPをインストールしたため、現在稼
働しているApacheはまだPHPと連係できていません。Apacheを再起動
し、ApacheからPHPプログラムが実行できるようにしておきましょう。

Apacheの再起動

```
$ sudo systemctl restart httpd.service
```

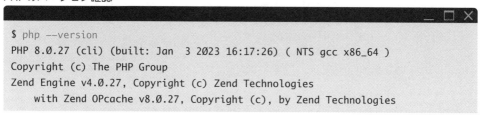

02-04 | PHPの動作を確認

　　PHPプログラムが動作するかどうか確認しておきましょう。テスト用
のPHPファイルを/var/www/html/phptest.phpとして作成、**リスト2**の
内容を入力して保存します。

/var/www/html/phptest.phpを作成

```
$ sudo nano /var/www/html/phptest.php
```

リスト2：/var/www/html/phptest.php

```
<?php echo phpinfo(); ?>
```

　Webブラウザから「http://VPSのIPアドレス/phptest.php」にアクセスしてみましょう。**図3**のように表示されるはずです。

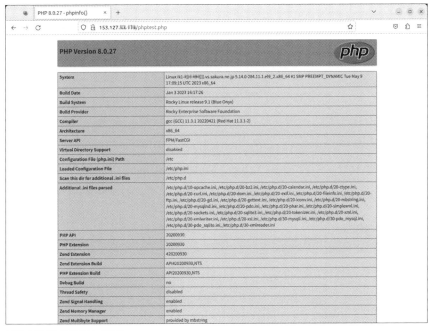

図3：PHPのテスト画面

　確認できたら、このファイルは削除しておきましょう。システム情報が表示されるため、悪意のある第三者に見られるのは避けたいからです。

/var/www/html/phptest.phpファイルを削除

```
$ sudo rm /var/www/html/phptest.php
```

02-05 | データベースの準備

続いて、WordPressでデータの保存に利用するデータベースを準備します。

注意 MariaDB/MySQLは複数のデータベースを管理できます。Webアプリケーションごとにデータベースを用意するのが一般的です。

MariaDB/MySQLのクライアントコマンドmysqlを使って、MariaDBの管理者ユーザーとしてMariaDBに接続します。パスワードを問われますので、mysql_secure_installationコマンド実行時に設定したパスワードを入力してください。-uはMariaDBのユーザーを指定するオプション、-pはパスワードを対話的に入力するオプションです。

MariaDBに接続

```
$ mysql -u root -p
Enter password: ●─── パスワードを入力
Welcome to the MariaDB monitor.  Commands end with ; or ¥g.
Your MariaDB connection id is 13
Server version: 10.5.16-MariaDB MariaDB Server

Copyright (c) 2000, 2018, Oracle, MariaDB Corporation Ab and others.

Type 'help;' or '¥h' for help. Type '¥c' to clear the current input statement.

MariaDB [(none)]> CREATE DATABASE wpdb;
Query OK, 1 row affected (0.000 sec)

MariaDB [(none)]> GRANT ALL PRIVILEGES ON wpdb.* TO "wpuser"@"localhost"
IDENTIFIED BY "p@sSw0rd";
Query OK, 0 rows affected (0.001 sec)

MariaDB [(none)]> FLUSH PRIVILEGES;
```

```
Query OK, 0 rows affected (0.000 sec)

MariaDB [(none)]>
```

　これでデータベース操作が可能になりました。ここからはデータベース
を操作する言語SQLを使って、WordPress用のデータベースおよびユー
ザーの作成を行います。本書では、データベース名を「wpdb」、ユーザー
名を「wpuser」、パスワードを「p@sSw0rd」としていますが、好きな文
字列にしてかまいません。「MariaDB [(none)]>」部分はプロンプトなので
入力する必要はありません。

WordPress用データベースとユーザーの作成

```
MariaDB [(none)]> CREATE DATABASE wpdb;
Query OK, 1 row affected (0.00 sec)

MariaDB [(none)]> GRANT ALL PRIVILEGES ON wpdb.* TO "wpuser"@"localhost" IDEN⏎
TIFIED BY "p@sSw0rd";
Query OK, 0 rows affected (0.00 sec)

MariaDB [(none)]> FLUSH PRIVILEGES;
Query OK, 0 rows affected (0.00 sec)
```

　コマンドが成功すれば「Query OK」と表示されますので、確認してく
ださい。表示されない場合は、スペルミスなどがあると考えられます。よ
く見直してください。作業が完了したらexitコマンドでMariaDBへの接
続を終了します。

MariaDBへの接続を終了

```
MariaDB [(none)]> exit
Bye
```

02-06 | WordPressのインストール

それでは、WordPressのインストールに移りましょう。WordPressの Webサイトから最新版をダウンロードします。ダウンロードにはcurlコマンドを使います。

書式 **curl [オプション] URL**

WordPressのダウンロード

```
$ curl -LO https://ja.wordpress.org/latest-ja.tar.gz
```

latest-ja.tar.gzが最新のWordPressのアーカイブ名です。ファイル名からわかるとおりgzipで圧縮されたtarアーカイブファイルです。tarコマンドで展開しましょう。

WordPressを展開

```
$ tar zxf latest-ja.tar.gz
```

wordpressという名前のディレクトリが作られ、その中にファイルが展開されます。たくさんの.phpファイルが見えます。

wordpressディレクトリの中

```
$ ls wordpress
index.php          wp-admin             wp-content         wp-load.php        wp
-signup.php
license.txt        wp-blog-header.php   wp-cron.php        wp-login.php       wp
-trackback.php
readme.html        wp-comments-post.php wp-includes        wp-mail.php
xmlrpc.php
wp-activate.php    wp-config-sample.php wp-links-opml.php  wp-settings.php
```

このディレクトリをドキュメントルート以下に配置します。そのままのディレクトリ名では攻撃の的になりますので、適当なディレクトリ名に変えておきましょう。ここではblogとしています。

wordpressディレクトリをドキュメントルート以下に配置

```
$ sudo mv wordpress /var/www/html/blog
```

Apacheが問題なくアクセスできるよう、所有者と所有グループを変更しておきます。

/var/www/html/blogディレクトリの所有者と所有グループを変更

```
$ sudo chown -R apache:apache /var/www/html/blog
```

/var/www/html/blogディレクトリ以下にwp-config-sample.phpという設定のひな形ファイルがあります。このファイルをwp-config.phpというファイル名に変更します。いちいち絶対パスを指定するのが面倒なので、カレントディレクトリを/var/www/html/blogに変更して作業することにします。

wp-config.phpファイルの作成

```
$ cd /var/www/html/blog
$ sudo mv wp-config-sample.php wp-config.php
```

wp-config.phpファイルを開いて、**リスト3**のように基本的なデータを記述します。

/var/www/html/blog/wp-config.phpファイルを編集

```
$ sudo nano wp-config.php
```

リスト3：/var/www/html/blog/wp-config.php

```php
<?php
/**
 * The base configuration for WordPress
 *
 * The wp-config.php creation script uses this file during the installation.
 * You don't have to use the web site, you can copy this file to "wp-config.⏎
php"
 * and fill in the values.
 *
 * This file contains the following configurations:
 *
 * * Database settings
 * * Secret keys
 * * Database table prefix
 * * ABSPATH
 *
 * @link https://wordpress.org/documentation/article/editing-wp-config-php/
 *
 * @package WordPress
 */

// ** Database settings - You can get this info from your web host ** //
/** The name of the database for WordPress */
define( 'DB_NAME', 'database_name_here' ); ●─── データベース名

/** Database username */
define( 'DB_USER', 'username_here' ); ●─── データベースのユーザー名

/** Database password */
define( 'DB_PASSWORD', 'password_here' ); ●─── データベースのパスワード

/** Database hostname */
define( 'DB_HOST', 'localhost' );

/** Database charset to use in creating database tables. */
define( 'DB_CHARSET', 'utf8' );

/** The database collate type. Don't change this if in doubt. */
define( 'DB_COLLATE', '' );

（以下省略）
```

変更する箇所は3カ所、データベース名とユーザー名、データベースの
パスワードです。先に、WordPress用データベースとユーザーの作成で
設定した値を使ってください（**表2**）。

表2：wp-config.phpの変更箇所

変更前	変更後（例）
database_name_here	wpdb
username_here	wpuser
password_here	p@sSw0rd

パスワード等が含まれた大切なファイルですので、アクセス権を変更し
て読み取り専用にしておきましょう。

var/www/html/blog/wp-config.php ファイルのアクセス権を変更

```
$ sudo chmod 400 wp-config.php
```

これで準備は完了です。

それではWebブラウザから、http://VPSのIPアドレス/blog/wp-admin/
install.php にアクセスしてください。WordPressのセットアップが始ま
ります（**図4**）。

図4：WordPressのインストール初期画面

　サイト名やユーザー名、パスワード、メールアドレスはお好きな値を入力してください。これらの値は後から変更できます。「WordPressをインストール」ボタンをクリックすると、WordPressのインストールが始まります（**図5**）。

図5：WordPressのインストール完了画面

「ログイン」ボタンをクリックすると、ログイン画面になります。先ほど
設定したユーザー名とパスワードを使ってログインしてください（**図6**）。

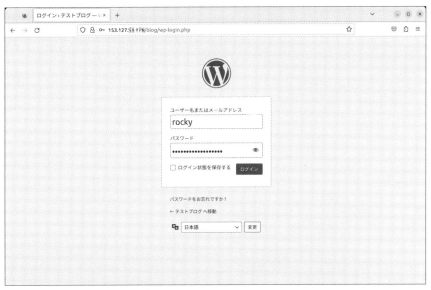

図6：WordPressのログイン画面

　セットアップが終わったら、自由にWordPressを使ってみてください。WordPressの公式サポートサイトのスタートガイドが参考になるでしょう。

▼**WordPressサポート**
　URL https://ja.wordpress.org/support/

　その他、たくさんのWebサイトや書籍がありますので、検索してみてください。

03 ✳ WordPressの管理

03-01 | WordPressのバックアップ

　WordPressは「WordPressディレクトリ内のファイル群」と「MariaDBのデータベース」で構成されています。WordPressをバックアップする際は、両方をバックアップする必要があります。

　WordPressのディレクトリ（ここでは/var/www/html/blog/）内にあるwp-contentディレクトリをコピーしておけばいいでしょう。ここではwp-content.backup.20230930というディレクトリ名でコピーしています。

　以下の例はホームディレクトリ等で実行してください。

wp-contentディレクトリのバックアップ

```
$ sudo cp -r /var/www/html/blog/wp-content wp-content.backup.20230930
```

　tarコマンドを使った圧縮アーカイブを作成してもよいでしょう。ここではwp-content.backup.20230930.tar.gzというファイル名で圧縮アーカイブを作成しています。

wp-contentディレクトリの圧縮アーカイブ作成

```
$ sudo tar czvf wp-content.backup.20230930.tar.gz /var/www/html/blog/wp-content
```

　データベースのバックアップは、MariaDBの管理コマンドで行います。

> **書式** **mysqldump -u root -p データベース名 > バックアップファイル名**

次の例では、wpdbデータベースをwpdb.backupというファイルにバックアップしています。ファイル名は何でもかまいません。

wpdbデータベースのバックアップ

```
$ mysqldump -u root -p wpdb > wpdb.backup
Enter password: ●──── MariaDBのrootパスワードを入力
```

バックアップしたデータベースを元に戻すには、まず空のデータベースを作成し、そのデータベースにバックアップしたファイルを書き込みます。ここでは新たにwpdb2というデータベースを作成し、そこに復元してみます。

wpdb2データベースを作成

```
$ mysql -u root -p
Enter password: ●──── MariaDB のroot パスワードを入力
Welcome to the MariaDB monitor.  Commands end with ; or ¥g.
Your MariaDB connection id is 28
Server version: 10.5.16-MariaDB MariaDB Server

Copyright (c) 2000, 2018, Oracle, MariaDB Corporation Ab and others.

Type 'help;' or '¥h' for help. Type '¥c' to clear the current input statement.

MariaDB [(none)]> CREATE DATABASE wpdb2; ●──── データベースを作成
Query OK, 1 row affected (0.000 sec)

MariaDB [(none)]> quit ●──── 終了
Bye
```

次のコマンドでバックアップファイルからデータベースにデータを書き込みます。データベース名とバックアップファイル名は適宜変更してください。

バックアップファイルから復元

```
$ mysql -u root -p wpdb2 < wpdb.backup
Enter password: ●──── MariaDBのrootパスワードを入力
```

8

セキュリティの
ポイントを
押さえよう

インターネットに接続されたサーバーのセキュリティは重要です。1つ間違えば、情報の漏洩を招いたり、最悪の場合は知らぬ間に加害者になってしまうこともあります。この章では最低限やっておきたいセキュリティの話題を取り上げます。

01 ✳ セキュリティ対策の基本

 01-01 不正侵入を防ぐ

　Linuxサーバーに限らず、インターネットに接続されたサーバーを扱う上では、セキュリティには最大限の注意を払う必要があります。

　もっとも気を付けなければならないのは不正侵入です。インターネットには、どこかに不正侵入できそうなコンピューターがないかを探している悪意の探索があふれています（**図1**）。まったく無名のサーバーであっても、その目から逃れることはできません。いったん不正侵入されてしまうと、サーバー内の情報が盗み出されてしまうほか、何らかの攻撃の足場（踏み台）として利用されてしまいます。サーバー管理者としては、不正侵入をなんとしても防がなければなりません。

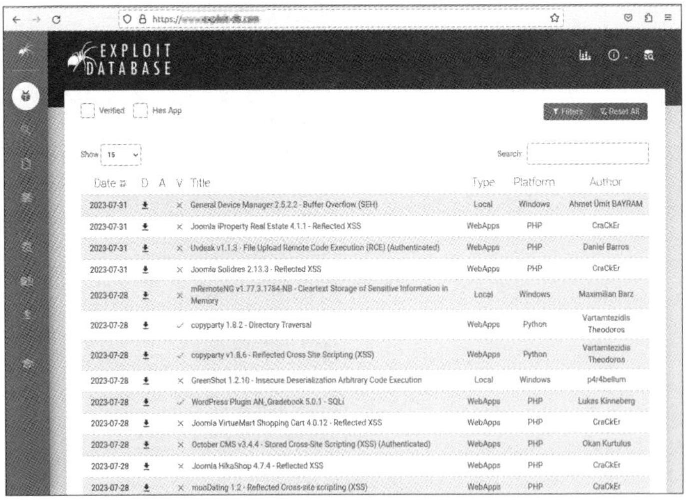

図1：インターネットにあふれる攻撃情報サイトの例

172

では、不正侵入を許してしまう原因は何でしょうか。代表的な原因としては、

❶セキュリティに問題のあるソフトウェアが動作していた
❷簡単なパスワードを使っていた
❸サーバーの設定ミスがセキュリティホールを生み出していた

などが挙げられます。脆弱性（セキュリティホール）のあるソフトウェアがシステムに含まれていれば、それを利用した攻撃プログラムを使って不正侵入されたりサービスを停止させられたりしてしまいます。簡単なパスワードを設定しているアカウントがあれば、力尽くの総当たり攻撃で突破される可能性が高くなります。技術をよく理解しないままの設定が、システムの弱点をさらけ出してしまっていることも少なくありません。
　こういったことを踏まえて、基本となるセキュリティ対策を以下に紹介します。

 01-02 OSのアップデート

　システムを構成するソフトウェアには、毎日のように不具合が発見されます。中には、セキュリティを打ち破る脆弱性につながるものも含まれます。不具合が修正されたソフトウェアはディストリビューターによって提供されます。Rocky Linuxの場合、dnfコマンドを使ってシステムをアップデートすれば、OSおよび標準的なアプリケーションソフトウェアを最新の状態に保つことができます。第5章で説明したとおり、dnf-automaticを使った自動アップデートの仕組みを導入しておくことをお勧めします（P.107）。dnf-automaticが有効になっているかどうかは、次のコマンドで確認できます。

dnf-automaticが有効になっているかどうかの確認

```
$ sudo systemctl is-active dnf-automatic.timer
active
```

「active」となっていれば有効化されています。

01-03 サービスの確認

　脆弱性のあるソフトウェアがインストールされていたとしても、すぐに攻撃の成功につながるわけではありません。ネットワーク経由の攻撃が有効なサーバープログラムがあったとしても、サーバープログラムが起動していなければ攻撃しようがありません。

　ということは、稼働しているサーバープログラム（サービス）を必要最小限にとどめることが、サーバーの安全性を高めることになるのです。必要もないのに稼働していたサービスの脆弱性のせいで不正侵入されてしまうほどバカバカしいことはありません。次のコマンドを実行すると、サービスの自動起動の状態が確認できます[1]。

サービスの自動起動の状態を確認

```
$ systemctl list-unit-files -t service

UNIT FILE                                STATE      PRESET
auditd.service                           enabled    enabled
autovt@.service                          alias      -
canberra-system-bootup.service           disabled   disabled
canberra-system-shutdown-reboot.service  disabled   disabled
canberra-system-shutdown.service         disabled   disabled
chrony-wait.service                      disabled   disabled
chronyd.service                          enabled    enabled
```

---

[1] lessコマンドを使って表示されます。操作についてはlessコマンドの使い方（P.58）を参照してください。

（以下省略）

STATE欄で「enabled」となっているのは自動起動が有効なサービス、「disabled」となっているのは自動起動が無効となっているサービス、「static」は自動起動が設定できないサービスです。「enabled」となっているサービスをチェックしてください。不要と判断すれば、systemctlコマンドを使って自動起動を無効にします。ここでは、kdumpサービスの自動起動を無効にします。

kdumpサービスの自動起動を無効化

```
$ sudo systemctl disable kdump.service
```

参考　kdumpはカーネルがクラッシュした際にその状況を記録するためのサービスです。サポートサービスの利用や高度な解析を行わないのであれば不要でしょう。

 01-04 開いているポートの確認

Webサーバーが動作していれば、そのWebサーバーは80番ポートを開いて接続を待ち受けています。ということは、開いている（待ち受けている）ポートを調べれば、どんなサーバーやサービスが動作しているかを確認できます。開いている（待ち受けている）ポートを調べるには、ssコマンドを使います（**表1**）。次の例では、開いているTCPおよびUDPポートを表示しています。

開いているTCPおよびUDPポートを表示

```
$ ss -ltu
Netid     State      Recv-Q     Send-Q          Local Address:Port         Peer ⏎
Address:Port     Process
udp       UNCONN     0          0                  127.0.0.1:323                 ⏎
0.0.0.0:*
udp       UNCONN     0          0                    [::1]:323                   ⏎
   [::]:*
tcp       LISTEN     0          128                0.0.0.0:ssh                   ⏎
0.0.0.0:*
tcp       LISTEN     0          128                 [::]:ssh                     ⏎
   [::]:*
```

次の例では、開いている TCP ポートを表示しています。

開いているTCPポートを表示

```
$ ss -lt
State      Recv-Q      Send-Q           Local Address:Port          Peer ⏎
Address:Port      Process
LISTEN     0           128                 0.0.0.0:ssh                  ⏎
0.0.0.0:*
LISTEN     0           128                  [::]:ssh                    ⏎
   [::]:*
```

表1：ssコマンドの主なオプション

オプション	説明
-l	接続を待ち受け（listen）しているポートのみ表示する
-t	TCPを表示する
-u	UDPを表示する
-n	ポートやホストを数値で表示する
-p	ポートを開いているプロセスを表示する
-4	IPv4のみ表示する
-6	IPv6のみ表示する

　何のサービスがポートを開いているかわからないときは、ssコマンド

のpオプション（ポートを開いているプロセスの表示）を使いましょう。オプションの使用には管理者権限が必要です。次の例では、323番ポートを開いているサービスを絞り込んで表示しています。

323番ポートを開いているサービスを確認

```
$ sudo ss -lup | grep 323
UNCONN 0      0           127.0.0.1:323        0.0.0.0:*    users:(("chronyd",⏎
pid=555,fd=5))
UNCONN 0      0             [::1]:323          [::]:*    users:(("chronyd",⏎
pid=555,fd=6))
```

第5章で取り上げたchronydサービスであることが判明しました。

01-05 ログイン管理

すべてのLinuxにはrootユーザーが存在しています。外部から適当なユーザー名とパスワードで不正ログインを試みる場合、一般ユーザーではユーザー名とパスワードの両方を推測しなければなりませんが、rootユーザーであればパスワードを推測するだけですみます。その上、rootユーザーは一般ユーザーよりもはるかに大きな権限を持っていますから、rootユーザーアカウントを奪うことができれば、そのサーバーのすべてを思いどおりにできるわけです。そのため、外部からのログインは一般ユーザーのみに限定し、rootユーザーは禁止すべきです。

必ずやってほしいのは、SSHの設定で、rootユーザーのログインを禁止することです。/etc/ssh/sshd_configファイルのPermitRootLoginパラメーターを書き換えます（さくらのVPSではデフォルトで設定済みです）（**リスト1**）。

リスト1：/etc/ssh/sshd_configファイルの抜粋 - rootログインの禁止

```
PermitRootLogin no
```

このようになっていればOKです。さらに、ログイン可能なユーザーを作業用のユーザーのみに限定しましょう。

書式 **AllowUsers ユーザー名**

AllowUsersパラメーターに、接続を許可するユーザーを指定します。rockyユーザーの場合は**リスト2**のようにすれば、rockyユーザー以外のログインは禁止されます。

リスト2：/etc/ssh/sshd_configファイルの抜粋 - 許可ユーザーの指定

```
AllowUsers rocky
```

設定を変更したときは、SSHサーバーの再起動が必要です。

SSHサーバーを再起動

```
$ sudo systemctl restart sshd.service
```

システム管理者としては、過去にいつ誰がログインしたかをいつでも確認できなければなりません。lastコマンドを実行すると、ログインユーザーと接続元、ログイン日時が確認できます。

過去のログイン情報を確認

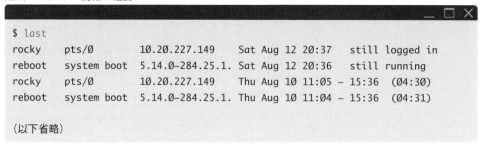

```
$ last
rocky    pts/0         10.20.227.149    Sat Aug 12 20:37   still logged in
reboot   system boot   5.14.0-284.25.1. Sat Aug 12 20:36   still running
rocky    pts/0         10.20.227.149    Thu Aug 10 11:05 - 15:36  (04:30)
reboot   system boot   5.14.0-284.25.1. Thu Aug 10 11:04 - 15:36  (04:31)

（以下省略）
```

ユーザーごとの最終ログインは、lastlogコマンドで調べられます。

ユーザーごとの最終ログインを確認

```
$ lastlog
Username        Port    From                    Latest
root                                            **Never logged in**
bin                                             **Never logged in**

（省略）

rocky           pts/Ø   1Ø.2Ø.227.149           Sat Aug 12 2Ø:37:Ø5 +Ø9ØØ ⏎
2Ø23
apache                                          **Never logged in**
rtkit                                           **Never logged in**
geoclue                                         **Never logged in**
pipewire                                        **Never logged in**
flatpak                                         **Never logged in**
mysql                                           **Never logged in**
nginx                                           **Never logged in**
setroubleshoot                                  **Never logged in**
```

これらのコマンドを使って、不審なログインがないかどうかを調べてください。

01-06 ログの管理

Rocky Linuxでは、システム上の各種イベントをログに記録する仕組みにはいくつかの種類があります。各種ログメッセージをとりまとめて扱うrsyslogサービス、各種サービスやシステムの起動を管理するsystemd、Apacheなど単独でログを管理するサービス、の3つです。rsyslogサービスやApacheが出力するログファイルは、/var/logディレクトリ以下に保存されます（**表2**）。

表2：主なログファイル

ログファイル	説明
/var/log/messages	システムの汎用ログファイル
/var/log/secure	認証関連のログファイル
/var/log/boot.log	サービスの起動・停止の記録
/var/log/cron	cronジョブのログファイル
/var/log/dmesg	カーネルが出力するメッセージの記録
/var/log/maillog	メールサブシステム（Postfix等）のログファイル
/var/log/yum.log	YUMによるパッケージ情報操作記録
/var/log/httpd/	Apacheが出力するログファイル用ディレクトリ
/var/log/mariadb/	MariaDBが出力するログファイル用ディレクトリ

　これらのログファイルはテキストファイルなので、lessコマンドで読むことができます。ただしroot権限が必要なログファイルが多いので、一般ユーザーで開けないときはsudoコマンドを使ってください。

/var/log/messagesの内容を表示

```
$ sudo less /var/log/messages
```

　ログファイルには1つのログメッセージにつき1行で記録されています。

[書式]　日時　ホスト名　メッセージ出力元　メッセージ

リスト3：ログの例

```
Aug 12 21:09:28 localhost su[1761]: FAILED SU (to root) rocky on pts/0
```

　リスト3では、8月12日21時09分にrockyユーザーがsuコマンドを使ってrootユーザーになろうとして失敗したことが記録されています。
　ところで、ログファイルには日々ログが記録され大きくなっていくので、定期的にバックアップが取られるようになっています。例えば/var/log/messagesのバックアップを見てみます。

/var/log/messagesのバックアップファイル

```
$ ls /var/log/messages*
/var/log/messages            /var/log/messages-20230812
/var/log/messages-20230805   /var/log/messages-20230729
```

　このように、バックアップ日時がファイル名に追加され、バックアップ
されています。デフォルトでは、1週間に1回、自動的にバックアップが
実施されます。ところが、このバックアップは最大4つ（4週間分）しか保
存されません。ログファイルの自動バックアップは、/etc/logrotate.conf
にあります。冒頭付近に**リスト4**のような行があります。

リスト4：/etc/logrotate.conf（抜粋）

```
# keep 4 weeks worth of backlogs
rotate 4
```

　「4」の部分を「52」に変更すると、約1年間のログファイルが残される
ことになります。4週間分ではあまりに短いので、少なくとも3ヶ月分（13
週間）以上は保存しておいた方がよいでしょう。

参考 　筆者は保存期間を52週間（1年）とし、週に1回ネットワーク経由で別のサーバーへ
バックアップをしています。万が一サーバーがクラックされたりファイルが壊れてし
まったりしても、大切なログを失わないようにするためです。

　Rocky Linuxでは、サービスを管理するsystemdが独自のログを記録し
ています。journalctlコマンドを実行することで、systemdのログを確認
できます。

書式　**journalctl [-u サービス名]**

Apache（httpd.service）関連のログメッセージを確認

```
$ sudo journalctl -u httpd.service
Aug 20 15:11:14 rocky9 systemd[1]: Starting The Apache HTTP Server...
Aug 20 15:11:14 rocky9 systemd[1]: Started The Apache HTTP Server.
Aug 20 15:11:14 rocky9 httpd[3241]: Server configured, listening on: port 80
```

02 ✳ ファイヤウォールの管理

02-01 ファイヤウォールとは

ファイヤウォールは、ネットワーク通信を監視し、あらかじめ決められたルールに従って通信を許可したり遮断したりするセキュリティ機構です。具体的には、パケット単位で通行の許可、拒否を判断します（パケットフィルタリング）。LinuxにはNetfilterというパケットフィルタリング機構が搭載されており、Rocky Linuxではfirewalldで管理します[2]。

firewalldには、ゾーンという概念があります。ゾーンは、パケットフィルタリングのルールをまとめたもので、ネットワークを抽象化して表したものです。あらかじめ9つが定義されています（**表3**）。

表3：firewalldのゾーン

ゾーン名	説明
public	インターネット上の公開サーバー用（デフォルト）
dmz	DMZ[3]
work	社内LANにあるクライアントPC用
home	家庭内LANにあるクライアントPC用
internal	内部ネットワークのインターフェース設定用
external	外部ネットワークのインターフェース設定用
block	受信パケットをすべて拒否
drop	受信パケットをすべて破棄
trusted	すべての通信を許可

＊2　かつてはiptablesコマンドを使っていました。iptablesはRocky Linuxでも使えます。

＊3　インターネットと社内LANの中間に設置される公開エリア。

　　firewalldでは、ゾーンに対してパケットフィルタリングのルールを設定し、それをネットワークインターフェースに適用します。

02-02 | firewall-cmdコマンド

　　firewalldの設定はfirewall-cmdコマンドで行います。

[書式]　**firewall-cmd オプション [--zone=ゾーン名]**

　　さくらのVPSでは、デフォルトでfirewalldは起動していませんので、次のコマンドで起動します。

firewalldを起動

```
$ sudo systemctl start firewalld
```

　　例えば、デフォルトで定義されているゾーンの一覧を表示してみましょう。

ゾーンの一覧を表示

```
$ sudo firewall-cmd --get-zones
block dmz drop external home internal public trusted work
```

　　firewall-cmdコマンドは、デフォルトではpublicゾーンが対象になります。publicゾーンで許可されているサービスの一覧を確認してみます。DHCP、HTTP、SSHの3つが許可されていることがわかります。

許可されているサービスを確認

```
$ sudo firewall-cmd --list-services
cockpit dhcpv6-client ssh
```

SSL/TLSによる安全なHTTP接続（HTTPS）も許可するよう設定してみましょう。

HTTPSの許可を追加

```
$ sudo firewall-cmd --add-service=https
success
```

許可されているサービスの一覧を表示すると、HTTPSが追加されたのがわかります。

許可されているサービスを確認

```
$ sudo firewall-cmd --list-services
cockpit dhcpv6-client https ssh
```

許可したサービスを削除するときは、--add-serviceの代わりに--remove-serviceオプションを使います。

HTTPSサービスを削除

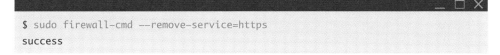

```
$ sudo firewall-cmd --remove-service=https
success
```

どのようなサービスが定義されているかは、--get-servicesオプションで確認できます。

定義されているサービスを表示

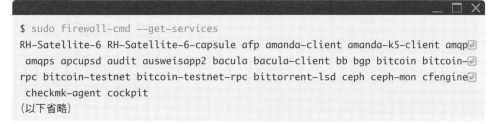

```
$ sudo firewall-cmd --get-services
RH-Satellite-6 RH-Satellite-6-capsule afp amanda-client amanda-k5-client amqp⏎
 amqps apcupsd audit ausweisapp2 bacula bacula-client bb bgp bitcoin bitcoin-⏎
rpc bitcoin-testnet bitcoin-testnet-rpc bittorrent-lsd ceph ceph-mon cfengine⏎
 checkmk-agent cockpit
（以下省略）
```

02-03　サービスの定義ファイル

サービスの定義ファイルは、/usr/lib/firewalld/servicesディレクトリにあります。

サービスの定義ファイル

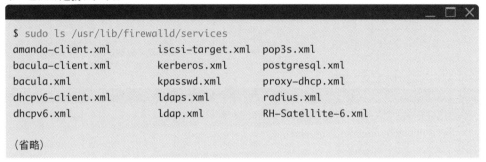

```
$ sudo ls /usr/lib/firewalld/services
amanda-client.xml       iscsi-target.xml    pop3s.xml
bacula-client.xml       kerberos.xml        postgresql.xml
bacula.xml              kpasswd.xml         proxy-dhcp.xml
dhcpv6-client.xml       ldaps.xml           radius.xml
dhcpv6.xml              ldap.xml            RH-Satellite-6.xml

（省略）
```

　HTTPのサービス定義ファイルを見てみましょう（**リスト5**）。

リスト5：/usr/lib/firewalld/services/http.xml

```
<?xml version="1.0" encoding="utf-8"?>
<service>
  <short>WWW (HTTP)</short>
  <description>HTTP is the protocol used to serve Web pages. If you plan to m⏎
ake your Web server publicly available, enable this option. This option is not⏎
 required for viewing pages locally or developing Web pages.</description>
  <port protocol="tcp" port="80"/> ●──── ポート番号
</service>
```

　これらの定義ファイルは変更しないでください。定義を変更したり、追加したりする場合は、定義ファイルを/etc/firewalld/servicesディレクトリに配置します。

　定義を変更した場合は、次のコマンドで設定変更を反映させる必要があります。

ファイヤウォールの設定変更を反映

```
$ sudo firewall-cmd --reload
```

Column **ファイヤウォールの過信は禁物**

ネットワーク経由の攻撃がすべてファイヤウォールで防げるわけではありません。パケットフィルタリング型のファイヤウォールは比較的シンプルなルールに基づいてアクセスを制御していますので、例えばWebアプリケーションに潜む脆弱性を狙った攻撃や、適当な名前とパスワードを使ったなりすまし攻撃などには十分な対処ができません（正当なアクセスとの識別が困難なためです）。同一IPアドレスからの連続した試行を制限する、といった対処は可能ですが、それでは不十分です。どんなに細かな設定を行っても、すべての攻撃を防ぐことはできません。ファイヤウォールが動作しているからといって、それだけで安心するわけにはいかないのです。

03 ✳ SSH

03-01 | SSHの概要

　すでにSSHで接続できるようになっていると思いますが、ここで改めてSSHについて説明しておきましょう。SSH（Secure SHell）は、リモートホスト間の通信を安全にするための仕組みです。強力な認証機能と暗号化により、リモート操作やファイル転送を安全に実施できます。

　SSHでは、接続時にホスト認証が行われます。ホスト認証は接続先サーバーの正当性を確認する仕組みで、うっかり偽サーバーに接続してしまう危険を排除します。接続時には、サーバー固有のホスト認証鍵（公開鍵）がサーバーからクライアントに送られ、クライアント側で保存しているサーバーのホスト認証鍵と比較して、一致するかどうかを確認します（**図2**）。

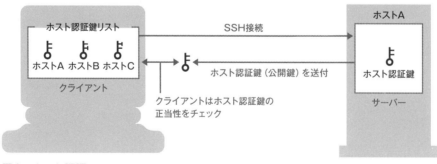

図2：ホスト認証

　ただし、初回接続時にはまだ接続先サーバーのホスト認証鍵を持ってい

ませんから、比較しようがありません。そこで、サーバーから送られてき
たホスト認証鍵をクライアント内に登録してよいかどうかのメッセージが
表示されます（Tera Termでは確認ウィンドウが表示されます）。

SSH初回接続時に表示されるメッセージ

```
$ ssh svr.example.com
The authenticity of host 'svr.example.com (192.168.1.59)' can't be established.
ED25519 key fingerprint is SHA256:eWv2fx5G3e5+NJrxcPKIgOqTpupLKYobaLiaXK9xJØI.
This key is not known by any other names
Are you sure you want to continue connecting (yes/no/[fingerprint])? yes ──┐
                                                               yesと入力
Warning: Permanently added 'svr.example.com' (ED25519) to the list of known ⏎
hosts.
rocky@svr.example.com's password: ●──── パスワードを入力
[rocky@svr ~]$
```

　「yes」と入力すると、サーバーのホスト認証鍵が、$HOME/.ssh/known_
hostsファイルに登録されます[4]。次回からは同様のメッセージは表示され
ません。もし悪意のある第三者がなりすました偽サーバーに接続してし
まったら、偽サーバーのホスト認証鍵はあらかじめ登録されているものと
は異なるため、次のようなメッセージが表示されて異常に気がつきます。

偽サーバーに接続した際のメッセージ

```
$ ssh svr.example.com
@@@@@@@@@@@@@@@@@@@@@@@@@@@@@@@@@@@@@@@@@@@@@@@@@@@@@@@@@@@@@
@    WARNING: REMOTE HOST IDENTIFICATION HAS CHANGED!     @
@@@@@@@@@@@@@@@@@@@@@@@@@@@@@@@@@@@@@@@@@@@@@@@@@@@@@@@@@@@@@
IT IS POSSIBLE THAT SOMEONE IS DOING SOMETHING NASTY!
Someone could be eavesdropping on you right now (man-in-the-middle attack)!
It is also possible that a host key has just been changed.
The fingerprint for the ED25519 key sent by the remote host is
SHA256:eWv2fx5G3e5+NJrxcPKIgOqTpupLKYobaLiaXK9xJØI.
Please contact your system administrator.
```

---

*4　「$HOME」はホームディレクトリを示します。

```
Add correct host key in /home/rocky/.ssh/known_hosts to get rid of this ⏎
message.
Offending ED25519 key in /home/rocky/.ssh/known_hosts:1
Host key for svr.example.com has changed and you have requested strict ⏎
checking.
Host key verification failed.
```

　ホスト認証をパスすると、次にユーザー認証が行われます。ユーザー認証には、ユーザー名とパスワードで認証する方法と、公開鍵認証とがあります。

03-02 sshコマンド

　SSH接続のクライアントコマンドであるsshコマンドの使い方を確認しておきましょう。

[書式] **ssh ［オプション］ ［ユーザー名@］接続先ホスト名またはIPアドレス**

　次の例では、rocky9.example.comに接続します。

rocky9.example.comに接続

```
$ ssh rocky9.example.com
```

　ユーザー名を指定すると、指定されたユーザーとしてサーバーに接続します。次の例では、webmasterユーザーとしてrocky9.example.comに接続します。もちろん、webmasterユーザーのパスワードを入力しなければなりません。

webmasterユーザーとしてrocky9.example.comに接続

```
$ ssh webmaster@rocky9.example.com
```

SSHのポート番号を変更しているときは、-pオプションでポート番号を指定します。

10022番ポートでrocky9.example.comに接続

```
$ ssh -p 10022 rocky9.example.com
```

毎回ポート番号を指定するのが面倒なら、$HOME/.ssh/configファイルを作成し、**リスト6**のようにデフォルトのポート番号を指定します。

リスト6：$HOME/.ssh/configファイルの設定例

```
Port 10022
```

$HOME/.ssh/configファイルは、所有者のみが読み書きできるアクセス権（rw- --- ---）を設定しておく必要があります。

所有者のみが読み書きできるアクセス権を設定

```
$ chmod 600 .ssh/config
```

 03-03 | 公開鍵認証

パスワード認証は、パスワードが漏れてしまったり、たまたま推測されてしまったりすると、第三者でもログインできてしまうため、インターネットサーバーで利用するのは好ましくありません。公開鍵認証を使うと、あらかじめ対となる公開鍵・秘密鍵のペアを接続先サーバーとクライアントに設定しておくことで、パスワードを使わない、安全な認証が可能となります。

公開鍵認証をするには、あらかじめ接続先サーバーに公開鍵を登録し、クライアント側は秘密鍵を持っておきます（**図3**）。

　それでは、Tera Termで公開鍵・秘密鍵のペアを作成しましょう。設定メニューから「SSH鍵生成」をクリックします（**図4**）。

　「生成」ボタンをクリックすると、公開鍵・秘密鍵のペアが生成されます。鍵の種類は選択できますが、ここでは「ED25519」とします。

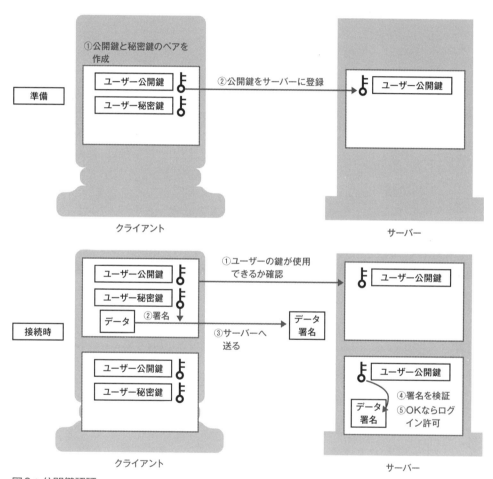

図3：公開鍵認証

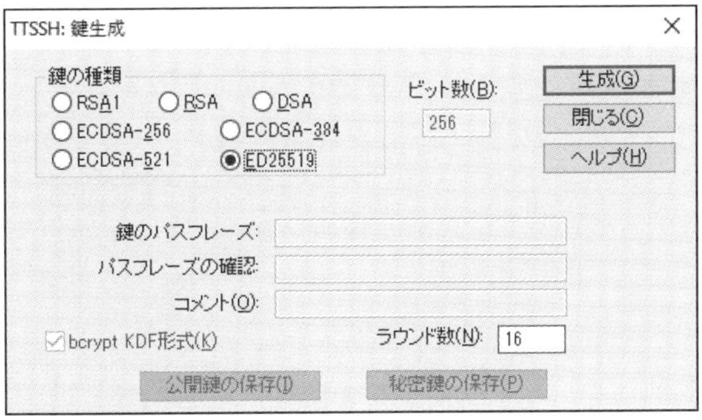

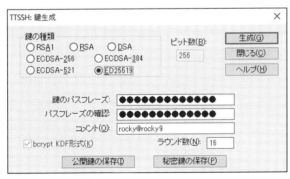

図4：SSH鍵生成

　次に、パスフレーズを設定します。パスフレーズは、秘密鍵を利用する際に必要となる文字列です。スペースを含む、パスワードよりも長く複雑な文字列を設定できますので、なるべく複雑な文字列にしましょう[*5]。パスフレーズを設定したら、「公開鍵の保存」「秘密鍵の保存」ボタンをクリックして、それぞれを任意のフォルダ内に保存してください。デフォルトのファイル名は、公開鍵は「id_ed25519.pub」、秘密鍵は「id_ed25519」です（**図5**）。

図5：SSH鍵の保存

[*5]　パスフレーズは空でもかまいませんが、安全性は低下します。

公開鍵「id_ed25519.pub」をサーバー側にコピーします。VPSに接続した状態で、id_ed25519.pubファイルをTera Termのウィンドウ内にドラッグアンドドロップしてください。ファイル転送ダイアログが表示されます（**図6**）。

図6：ファイルの転送

SCPを選択して「OK」ボタンをクリックすると、ホームディレクトリに公開鍵がコピーされます。

次に公開鍵を $HOME/.ssh/authorized_keys ファイルに登録します。最初はこのファイルは存在しません。ホームディレクトリで次のコマンドを実行すると作成されます。

公開鍵を authorized_keys ファイルに登録

```
$ mkdir -m 700 .ssh
$ cat id_rsa.pub >> .ssh/authorized_keys
```

authorized_keysファイルは、所有者のみが読み書きできるアクセス権（rw- --- ---）に設定しておく必要があります。

所有者のみが読み書きできるアクセス権に変更

```
$ chmod 600 .ssh/authorized_keys
```

これで準備が完了しました。いったんログアウトし、再度Tera Termで接続します。認証の画面で、ユーザー名とパスフレーズを入力し、認証方式を「プレインパスワードを使う」から「RSA/DSA/ECDSA/ED25519鍵を使う」に切り替え、先ほど保存した秘密鍵ファイルを指定します。OKをクリックすると接続されるはずです（**図7**）。うまくいかないときは、作成したファイルをいったん削除し、やり直してみてください。

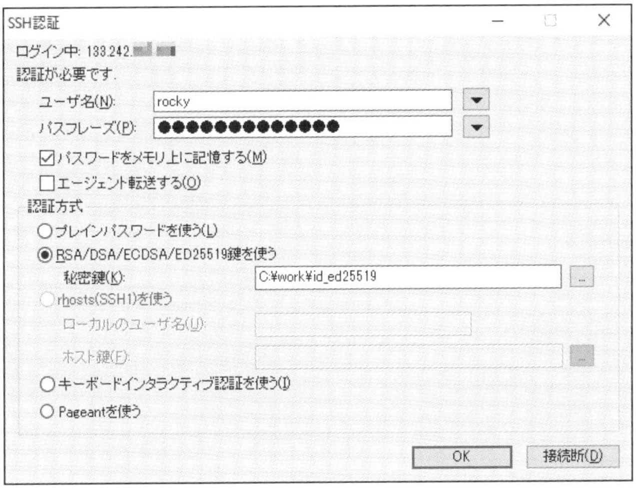

図7：公開鍵認証でログイン

公開鍵認証がうまくいったら、安全性を高めるため、SSHサーバーの設定を変更し、パスワード認証を無効にしておきましょう。Password Authenticationパラメーターを「yes」から「no」に変更します（**リスト7**）。

SSHサーバーの設定ファイルを開く

```
$ sudo nano /etc/ssh/sshd_config
```

リスト7：/etc/ssh/sshd_configファイルの変更箇所

```
PasswordAuthentication no
```

変更が終わったら、設定を再読み込みして変更を反映します。

SSHサービスの設定を再読み込み

```
$ sudo systemctl reload sshd.service
```

注意 公開鍵認証の設定が終わっていない段階でこの変更を行うと、VPSへログインできなくなってしまいます。その場合はVNCコンソールからログインして設定を戻してください。

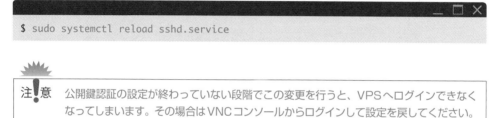

03-04 SCP

　scpコマンドを使うと、SSHの仕組みを使ってホスト間で安全なファイル転送ができます。主なオプションは表4のとおりです。

書式　**scp ［オプション］ コピー元 コピー先**

表4：scpコマンドの主なオプション

オプション	説明
-P ポート	ポート番号を指定する
-p	パーミッションを保持したままコピーする
-r	ディレクトリをコピーする
-i ファイル	秘密鍵ファイルを指定する（公開鍵認証の場合）

コピー元やコピー先は、次の書式でユーザー、ホスト、ファイルを指定します。

[ユーザー名@] ホスト名またはIPアドレス：ファイルのパス

scpコマンドは、リモートホストにあるファイルをローカルにも、ローカルにあるファイルをリモートホストにもコピーできます。次の例では、ローカルホストのカレントディレクトリにあるsampleファイルを、リモートホストsv3.example.comの/tmpディレクトリにコピーします。

ローカルホストからリモートホストへのコピー1

```
$ scp sample sv3.example.com:/tmp
```

次の例では、リモートホストにある/etc/hostsファイルをカレントディレクトリにコピーします。

リモートホストからローカルホストへのコピー

```
$ scp sv3.example.com:/etc/hosts .
```

リモートホストのユーザー名がローカルホストと異なる場合は、ユーザー名を指定します。次の例では、リモートホストsv3.example.comのwebmasterユーザーのホームディレクトリに、ローカルホストのsampleファイルをコピーします。ファイル名を指定しないときでも「:」は省略できない点に注意してください。

ローカルホストからリモートホストへのコピー2

```
$ scp sample webmaster@sv3.example.com:
```

Column WinSCP

WindowsでSCPを利用するには、WinSCPを使うとよいでしょう（図8）。WinSCP
は、https://winscp.net/eng/download.php からダウンロードできます。

図8：WinSCP

Dockerを使ってみよう

この章では、急速に人気が高まっているコンテナ管理の仕組み、Dockerの基礎を解説します。この章の手順をひととおりやってみることで、Dockerの基本概要をつかむことができるでしょう。

01 Dockerとは

01-01 仮想化とDocker

これまでの章で、Apacheをインストールし、MariaDBとPHPをインストールし、それらを適切に設定し、WordPressでサイトを構築しました。ソフトウェアをインストールし、設定ファイルを開いて編集する、という作業を間違いなくこなすのは面倒なものです。最初から必要なソフトウェアや設定がそろっている環境があればいいのに、という希望の実現に役立つのがDockerです。

Dockerは一種の仮想化です。アプリケーションの動作に必要な環境がパッケージングされたコンテナを、Linux上で独立して動かすことができます。素早く環境をセットアップしたい、同じような環境をあちこちで利用したい、といった用途に最適なのがDockerです。

本書で扱っているVPSも仮想化技術です。VPSとDockerは競合するものではありませんし、VPSの上でも物理的なLinuxサーバーの上でも（もちろんVirtualBox等を使った仮想マシンの上でも）Dockerは動きます。Dockerは、仮想マシンを動かす技術ではなく、独立した環境でアプリケーションを動かす技術、と考えればよいでしょう。

LinuxにはKVM（Kernel-based Virtual Machine）という仮想化技術が組み込まれています[*1]。本書で扱っているVPSもKVMの仮想化基盤の上に構築されています。KVMなどの仮想化技術では、ハイパーバイザーと呼ばれる仮想化管理機構の上で仮想マシンが稼働し、その中でゲストOS

＊1　KVMと並んでXen（ゼン）という仮想化技術もあります。

が稼働します。ゲストOSにとっては、仮想マシンが物理的なサーバー
ハードウェアのように見えるわけです。それぞれのゲストOSは独立して
います。

Dockerでは、プロセスの実行環境を閉じ込めてコンテナを作り、コン
テナ内からは外部が見えないようにします。ホストOSから見れば、どの
コンテナ内のプロセスも見えますが、コンテナ内からは当該コンテナ内の
プロセスしか見えないわけです（**図1**）。

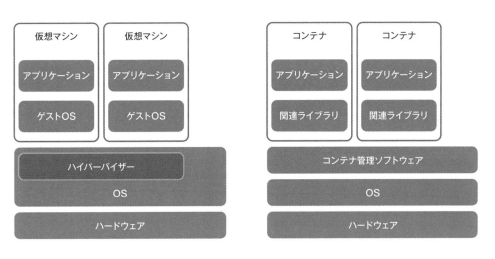

図1：ハイパーバイザー型仮想化とコンテナ型仮想化

注!意　コンテナ技術そのものは新しいものではなく、Linuxでは以前からOpenVZやLXC
（Linuxコンテナ）が利用できました。

01-02 Dockerのインストール

それでは、さっそくDockerをインストールしましょう。dnfコマンド
を使ってdockerパッケージをインストールします。

Dockerをインストール

```
$ sudo dnf config-manager --add-repo=https://download.docker.com/linux/centos↵
/docker-ce.repo
$ sudo dnf -y install docker-ce docker-ce-cli containerd.io docker-buildx-↵
plugin docker-compose-plugin
```

次に、Dockerサービスを起動し、自動起動も有効にしておきましょう。

Dockerサービスの起動と自動起動の有効化

```
$ sudo systemctl start docker
$ sudo systemctl enable docker
```

Dockerが正常にインストールされたか確認しましょう。以下のように
表示されれば成功です。

Dockerのテストを実施

```
$ sudo docker run hello-world
Unable to find image 'hello-world:latest' locally
latest: Pulling from library/hello-world
719385e32844: Pull complete
Digest: sha256:dcba6daec718f547568c562956fa47e1b03673dd010fe6ee58ca806767031↵
d1c
Status: Downloaded newer image for hello-world:latest

Hello from Docker!
This message shows that your installation appears to be working correctly.
```

```
To generate this message, Docker took the following steps:
 1. The Docker client contacted the Docker daemon.
 2. The Docker daemon pulled the "hello-world" image from the Docker Hub.↵
    (amd64)
 3. The Docker daemon created a new container from that image which runs the↵
    executable that produces the output you are currently reading.
 4. The Docker daemon streamed that output to the Docker client, which sent↵
    it to your terminal.

To try something more ambitious, you can run an Ubuntu container with:
 $ docker run -it ubuntu bash

Share images, automate workflows, and more with a free Docker ID:
 https://hub.docker.com/

For more examples and ideas, visit:
 https://docs.docker.com/get-started/
```

これでDockerを使う準備ができました。

02 ✳ Dockerを使ってみよう

02-01 Dockerイメージの取得

　Dockerの魅力の1つは、さまざまな環境をすぐさまセットアップできる点です。コンテナの元となるデータをDockerイメージといいます。具体的には、コンテナが動作するためのファイル群です。Dockerイメージは、自分で作成することもできますし、Docker HUB（https://hub.docker.com/explore/）から取得することもできます（**図2**）。Dockerイメージを管理するサイトをDockerレジストリと呼んでいます。Docker HUBは公式のDockerレジストリですが、自分でレジストリを作ることもできます。

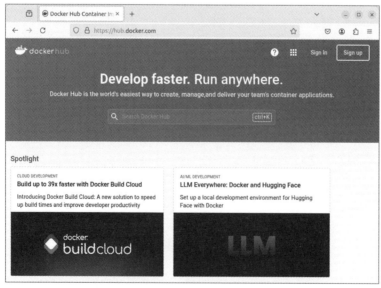

図2：Docker HUB
　　URL:https://hub.docker.com/explore/

基本的な使い方は次のとおりです（**図3**）。

①Dockerイメージを取得する
②Dockerイメージからコンテナを生成する

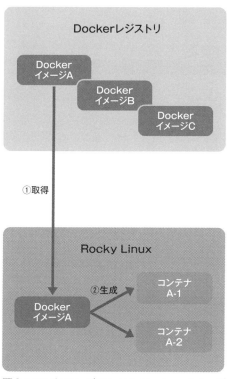

図3：DockerレジストリとDockerイメージ、コンテナ

1つのDockerイメージからは複数のコンテナを生成することができます。また、コンテナでどんな動作をさせようと、Dockerイメージは変更されません[2]。変更を加えたコンテナから、新たなDockerイメージを作成し、Dockerレジストリに登録したりすることもできます。

---

[2] オブジェクト指向で例えると、Dockerイメージはクラス、コンテナはインスタンスと考えればよいでしょうか。

　Dockerイメージを取得するには以下のコマンドを使います。ここでは、試しにDebian GNU/Linux（Debian 12）のDockerイメージを取得してみましょう（ホストと同じRocky Linuxではややこしいので）。

書式　**docker pull イメージ名[:タグ名]**

Debian GNU/LinuxのDockerイメージを取得

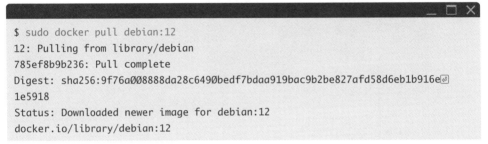

```
$ sudo docker pull debian:12
12: Pulling from library/debian
785ef8b9b236: Pull complete
Digest: sha256:9f76a008888da28c6490bedf7bdaa919bac9b2be827afd58d6eb1b916e⏎
1e5918
Status: Downloaded newer image for debian:12
docker.io/library/debian:12
```

　ダウンロードしたDockerイメージは、docker image ls コマンドで確認できます。

ダウンロードしたDockerイメージの確認

```
$ sudo docker image ls
REPOSITORY      TAG        IMAGE ID        CREATED          SIZE
debian          12         3a37950934ff    30 hours ago     116MB
hello-world     latest     9c7a54a9a43c    3 months ago     13.3kB
```

02-02 コンテナの起動

　Debian GNU/LinuxのDockerイメージからコンテナを起動してみましょう。起動後、catコマンドを使って /etc/debian_version ファイルを開いてみます。このファイルにはOSのバージョンが記されています。

コンテナの起動とcatコマンドの実行

```
$ sudo docker run debian:12 cat /etc/debian_version
12.1
```

　「12.1」と表示されるので、たしかにコンテナ内はDebian GNU/Linux 12.1の環境なのだとわかります。ところでこの方法では、指定されたコマンドの実行後、コンテナはすぐに終了してしまいます。動作中のコンテナを表示するdocker psコマンドを実行してみます。

動作中のコンテナを表示

```
$ sudo docker ps
CONTAINER ID    IMAGE      COMMAND     CREATED     STATUS      PORTS      NAMES
```

　何も表示されません。つまり先ほどdocker runコマンドで実行したコンテナは終了してしまっています。終了したコンテナも含めてコンテナを表示するには、docker psコマンドに-aオプションを付けます。STATUS欄の「Exited」は正常終了を意味します。

動作終了も含めたコンテナを表示

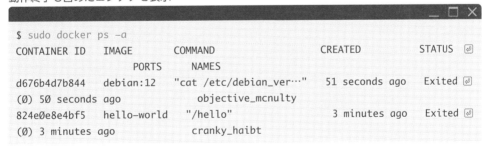

```
$ sudo docker ps -a
CONTAINER ID    IMAGE       COMMAND              CREATED          STATUS
                            PORTS        NAMES
d676b4d7b844    debian:12   "cat /etc/debian_ver…"  51 seconds ago   Exited
(Ø) 5Ø seconds ago          objective_mcnulty
824e0e8e4bf5    hello-world "/hello"                3 minutes ago    Exited
(Ø) 3 minutes ago           cranky_haibt
```

　このコンテナはもう使わない、というときは、docker rmコマンドでコンテナを削除できます。

207

書式　**docker rm コンテナID**

コンテナID（CONTAINER ID）は、一部分だけ指定してもかまいません。先のコンテナはコンテナIDが「d676b4d7b844」でした。次の例では最初の4文字のみを指定して削除しています。

コンテナIDがd676ではじまるコンテナを削除

```
$ sudo docker rm d676
```

02-03 コンテナ内での作業

今度は、新しくコンテナを起動し、その中に入ってコマンド操作をしてみることにしましょう。コンテナ名は何でもかまいません。

書式　**docker run -it --name コンテナ名 イメージ名[:タグ名] シェル**

debian12という名前でコンテナを起動

```
$ sudo docker run -it --name debian12 debian:12 /bin/bash
root@d125bde21b0d:/#
```

プロンプトが代わって「root@コンテナID」となりました。このプロンプトはコンテナ内で動いているシェル（/bin/bash）が出力しています。何かコマンドを入力してみましょう。

コンテナ内のシェルでコマンドを実行

```
root@d125bde21b0d:/# ls
bin   dev  home  lib32  libx32  mnt  proc  run   srv  tmp  var
boot  etc  lib   lib64  media   opt  root  sbin  sys  usr
root@d125bde21b0d:/# pwd
/
root@d125bde21b0d:/# cat /etc/debian_version
12.1
```

　どうやら/ディレクトリ直下にいるようです。この/ディレクトリは、もちろん、コンテナ内の/ディレクトリです。
　ネットワークインターフェースの情報も見てみましょう。コンテナにはネットワークコマンドが入っていないので、次のコマンドでインストールします。

Debianコンテナにネットワークコマンドをインストール

```
root@d125bde21b0d:/# apt-get update
root@d125bde21b0d:/# apt-get install -y iproute2
```

　VPSのIPアドレスとは違っていますね。

　ipコマンドでネットワークインターフェースの情報を表示します。

ネットワークインターフェースの情報を表示

```
root@d125bde21b0d:/# ip addr show eth0
8: eth0@if9: <BROADCAST,MULTICAST,UP,LOWER_UP> mtu 1500 qdisc noqueue state ⏎
UP group default
    link/ether 02:42:ac:11:00:02 brd ff:ff:ff:ff:ff:ff link-netnsid 0
    inet 172.17.0.2/16 brd 172.17.255.255 scope global eth0
       valid_lft forever preferred_lft forever
```

　注意してほしいのは、ホストOSから独立してコンテナ内でDebian GNU/Linuxが稼働している「わけではない」ことです。あくまでコンテナ内では、Debian GNU/Linux環境のように見えているだけです。コンテナ

内でカーネル情報を見ると、Debian GNU/Linux 12のカーネル（バージョン）ではなく、Rocky Linux 9のカーネル情報が見えます。

カーネルバージョンを表示

```
root@d125bde21b0d:/# uname -a
Linux 9828004f196b 5.14.0-284.25.1.el9_2.x86_64 #1 SMP PREEMPT_DYNAMIC Wed
Aug 2 14:53:30 UTC 2023 x86_64 GNU/Linux
```

そろそろホストOS側に戻りましょう。コンテナから一時的に抜けるには、Ctrl＋Pキー、Ctrl＋Qキー（Ctrlキーを押しながらPQキー）を押します。

コンテナから抜ける

```
root@d125bde21b0d:/# [rocky@rocky9 ~]$
```

この状態では、コンテナはバックグラウンドで起動中です。もう一度コンテナに接続するには、docker attachコマンドを使います。

書式 **docker attach コンテナ名またはコンテナID**

debian12コンテナに再接続

```
$ sudo docker attach debian12
root@d125bde21b0d:/#
```

コンテナから抜けてコンテナを終了するには、コンテナ内でexitコマンドを実行します。

コンテナを抜けて終了

```
root@d125bde21b0d:/# exit
exit
[rocky@rocky9 ~]$
```

02-04 コンテナの再開、停止

　動作が終了しているコンテナは、docker psコマンドで見たときにSTATUS欄が「Exited」となっています。

動作が終了しているコンテナ

```
$ sudo docker ps -a
CONTAINER ID    IMAGE        COMMAND        CREATED         STATUS         ⏎
        PORTS        NAMES
9828004f196b    debian:12    "/bin/bash"    3 minutes ago   Exited (0) 15 ⏎
seconds ago               debian12
```

　この状態のコンテナを再開するには、docker startコマンドを使います。

書式　**docker start コンテナ名またはコンテナID**

コンテナを再開

```
$ sudo docker start 9828
9828
```

　docker psコマンドを実行してみると、コンテナのSTATUS欄は「UP」になっています。

動作中のコンテナ

```
$ sudo docker ps -a
CONTAINER ID    IMAGE        COMMAND        CREATED         STATUS         ⏎
PORTS        NAMES
9828004f196b    debian:12    "/bin/bash"    3 minutes ago   Up 12 seconds  ⏎
        debian12
```

動作中のコンテナを終了させるには、docker stopコマンドを実行します。

書式 **docker stop コンテナ名またはコンテナID**

コンテナを終了

```
$ sudo docker stop 9828
9828
```

コンテナのSTATUS欄を確認すると「Exited」となりました。

コンテナの終了を確認

```
$ sudo docker ps -a
CONTAINER ID    IMAGE       COMMAND       CREATED        STATUS
                PORTS       NAMES
9828004f196b    debian:12   "/bin/bash"   4 minutes ago  Exited (137) 10
seconds ago                 debian12
```

02-05 Dockerイメージの作成と削除

コンテナから新しくDockerイメージを作成することもできます。先ほどのコンテナを再開して接続し直します。

コンテナを再開して接続

```
$ sudo docker start 9828
9828
$ sudo docker attach 9828
root@9828004f196b:/#
```

オリジナルのコンテナであることがわかるように少し変更を加えます。/root/docker.txtというファイルを作成してみます。

/root/docker.txtファイルを作成

```
root@9828004f196b:/# echo "My Docker Image" >> /root/docker.txt
root@9828004f196b:/# exit
exit
```

コンテナからDockerイメージを作成するには、docker commitコマンドを使います。ここではイメージ名を「rocky/debian」、タグ名を「12」としました。

書式　**docker commit コンテナID イメージ名[:タグ名]**

Dockerイメージを作成

```
$ sudo docker commit 9828 rocky/debian:12
sha256:c1c45773ba6238e17a3325873286o2e84497615e4046a82b8534a272f5739f1c
```

Dockerイメージの一覧を確認してみます。「rocky/debian」となっているのが新しいDockerイメージです。

Dockerイメージの一覧

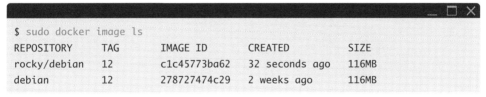

```
$ sudo docker image ls
REPOSITORY      TAG        IMAGE ID        CREATED          SIZE
rocky/debian    12         c1c45773ba62    32 seconds ago   116MB
debian          12         278727474c29    2 weeks ago      116MB
```

このDockerイメージからコンテナを起動して、作成したファイルを確認してみましょう。

新しいDockerイメージを確認

```
$ sudo docker run rocky/debian:12 cat /root/docker.txt
My Docker Image
```

　たしかに先ほど作成したファイルが存在しています。このように、オリジナルのDockerイメージを取得し、そこにソフトウェアをインストールしたり設定を変更したりしたものを、新しくDockerイメージとして保存することができるわけです。

参考	本書では取り上げませんが、作成したDockerイメージをDockerレジストリに登録しておけば、プロジェクト参加者の全員が同じ環境をすぐさまセットアップする、といったことが可能になるわけです。

　不要になったDockerイメージは、docker image rmコマンドで削除できます。ただし、コンテナを残したままDockerイメージを削除するとコンテナが使えなくなります*3ので、先にコンテナを削除しておいてください。

書式　**docker image rm イメージ名またはイメージID**

Dockerイメージを削除

```
$ sudo docker image rm c1c4
Untagged: rocky/debian:12
Deleted: sha256:c1c45773ba6238e17a332587328602e84497615e4046a82b8534a272f5739↵
f1c
Deleted: sha256:e5df4bf573a8d5d9a6ab5350af014e0c6411183fd751a2115fa2bd985479↵
9e31
```

---

*3　警告が表示されて削除できません。fオプションで強制的に削除することもできます。

02-06 | DockerでWordPress

　今度は、Dockerを使ってWordPressサイトを作ってみましょう。公式サイトではWordPressがセッティングされたDockerイメージが公開されているので、それを利用することにします。また、MariaDBがセッティングされたDockerイメージもあります。これらを連携させて動作させます。

　まずは、ホストOS側のApacheとMariaDBが動いていれば、停止しておきましょう。

ApacheとMariaDBを停止

```
$ sudo systemctl stop httpd.service
$ sudo systemctl stop mariadb.service
```

　WordPressのDockerイメージを取得します[4]。

WordPressのDockerイメージを取得

```
$ sudo docker pull wordpress
```

　MariaDBのDockerイメージを取得します。

MariaDBのDockerイメージを取得

```
$ sudo docker pull mariadb
```

　MariaDBのDockerイメージからコンテナを起動します。その際、MariaDBの管理者パスワードを設定しなければなりません。ここではパスワードを「p@sSw0rd」としています。

＊4　タグを省略した場合は、最新版「latest」を指定したものとみなされます。

Chapter

9

Dockerを使ってみよう

MariaDB用コンテナを起動

```
$ sudo docker run --name mariadb -e MYSQL_ROOT_PASSWORD=p@sSw0rd -d mariadb
```

　続いて、WordPress用コンテナを起動します。次のコマンドを実行してください。

　「-p 80:80」は、ホストOSの80番ポート経由でコンテナの80番ポートにアクセスできるようにするオプションです。

WordPress用コンテナを起動

```
$ sudo docker run --name wordpress --link mariadb:mysql -p 80:80 wordpress
```

　これで完了です。Webブラウザで「http://VPSのIPアドレス/word press/」にアクセスすると初期画面が表示されるはずです[5]（**図4**）。

---

[5]　このアドレス（「～/wordpress/～」や「～/wp-admin/～」）はボットによる攻撃を受けやすいので、学習を終えたら削除しておくことをお勧めします。

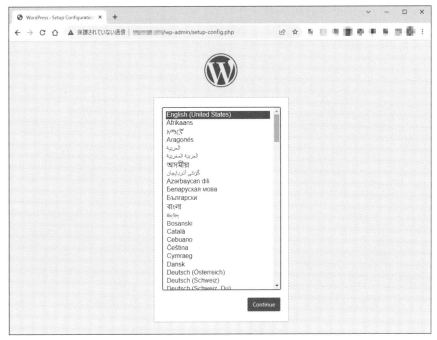

図4：WordPress初期画面

Dockerを使うといかに素早く環境を立ち上げることができるか、実感できたのではないでしょうか。

付録

01 ✳ VirtualBoxの利用

 01-01 VirtualBoxのインストール

　Oracle VM VirtualBoxはOracleが提供する、オープンソースの仮想化ソフトウェアです。WindowsやmacOSにVirtualBoxを導入すると、その上でRocky LinuxなどのOSを動作させることができます。

　なお、Rocky Linux 9は64bit環境しかありませんので、ホストOS（WindowsやmacOS）が64bitである必要があります。32bit環境ではRocky Linux 9の仮想マシンを利用できません。また、PCによっては仮想化機能が使えない場合があり、そのようなケースでも仮想マシンは扱えません。

　まず、VirtualBoxのWebサイトから、利用しているOSに合わせてVirtualBoxをダウンロードし、インストールします。Windowsであれば「Windows hosts」（VirtualBox-7.0.10-158379-Win.exe）、macOSであれば「macOS / Intel hosts」（VirtualBox-7.0.10a-158379-OSX.dmg）です。本書執筆時点でのバージョンは7.0.10ですが、最新版をダウンロードしてください。

▼Download VirtualBox
　URL https://www.virtualbox.org/wiki/Downloads

01-02 Rocky Linux 9の導入

　Rocky Linux 9のDVDイメージからVirtualBoxにRocky Linux 9をインストールしてもよいのですが、それではVPSの環境とはかなり違ったものになってしまいます。そこで、本書の学習用にRocky Linux 9の仮想マシンイメージを用意しました。VPSの環境と同じではありませんが、それに近い構成にしてあります。ファイルはZIPで圧縮されていますので、ダウンロード後に解凍してください。

▼ Download RockyLinux9svr.zip
　URL https://terminalcode.net/books/zerolinux/

　導入方法も上記サイトに最新情報を記載していますので、そちらを参照してください。なお、macOS版はIntel対応のみです。

02 ✳ Linuxのファイル システム

 02-01 ファイルシステムとは

　ひとまとまりのデータに名前を付けて「ファイル」として保存したり、ファイルをディレクトリにまとめたり、ファイルにアクセス権を設定して保護したり、といった仕組みを提供するOSの機能がファイルシステムです。Linuxでは、さまざまなファイルシステムを扱うことができます（**表1**）。Rocky Linux 9は、デフォルトではXFSというファイルシステムを採用しています（さくらのVPSのRocky Linuxではext4を採用しています）。

表1：主なファイルシステム

ファイルシステム	説明
ext4	Linuxの標準的なファイルシステム
XFS	堅牢で高いパフォーマンスのファイルシステム
Btrfs	高度な機能を備えた次世代ファイルシステム
ISO 9660	CD-ROMのファイルシステム
UDF	DVD-ROMのファイルシステム
VFAT	SDカードやフラッシュメモリで使われるファイルシステム
NTFS	Windowsのファイルシステム

　Linuxのディレクトリは「/」ディレクトリを頂点とするツリー状の階層構造になっています。ディレクトリツリーは、いくつかのファイルシステムから構成されているのが一般的です。/ディレクトリを含むファイルシステムをルートファイルシステムといいます。

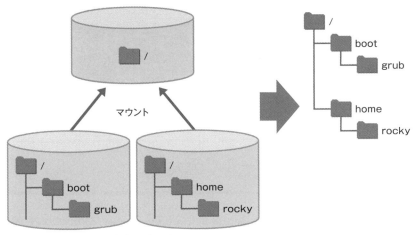

図1：ファイルシステムとマウント

　/ファイルシステムの直下には、/bootや/homeといったディレクトリが配置されます。これらのディレクトリは、別々のパーティションを用意し、各パーティションに/bootや/homeを割り当てています。これは、耐障害性や保守性を高めるためです。/bootや/homeは/ディレクトリ以下に結合され、1つの統合されたファイルシステムとして運用されます。ファイルシステムを結合することをマウントといいます（**図1**）。

注**!**意　Windowsにはドライブという概念がありますが、Linuxはすべてのパーティションや外付けメディアを/ディレクトリ以下のディレクトリツリーにマウントして利用します。そのためドライブという概念はありません。

03 ✳ Webブラウザを使った
サーバー管理

 03-01 管理ツールCockpit

Red Hat Enterprise LinuxやCentOS、Rocky Linuxでは、標準のWeb
管理ツールとしてCockpitを採用しています。Cockpitを使うと、Linux
サーバーの管理や設定作業をWebブラウザ経由で行えます。コマンド操
作に不慣れな場合には便利なツールですが、Webブラウザ経由で管理者
権限の操作が可能になるため、導入と運用には十分な注意が必要です。

Cockpitは次のコマンドでインストールできます。

Cockpitのインストール

```
$ sudo dnf -y install cockpit
```

次のコマンドでサービスを有効にします。

Cockpitを有効化

```
$ sudo systemctl enable --now cockpit.socket
```

さくらのVPSで実行する場合は、あらかじめファイヤウォール設定
（P.133〜136）で9090番ポートの許可設定を追加しておいてください。
Webブラウザから「http://IPアドレス:9090」にアクセスすると、ログイ
ン画面が表示されます（**図2**）。

図2：Cockpitのログイン画面

　ログインに使用しているユーザー名とパスワードでログインしてくださ
い。ログインできると管理画面になります（**図3**）。

図3：Cockpitの管理画面

04 ✳ マニュアルとエディタ

04-01 | man マニュアル

Linux には、端末上でコマンドの使い方やファイルの書式を調べることのできる man コマンドが用意されています。

書式 **man [セクション] コマンドやキーワード**

man コマンドを実行すると、less コマンドを使って1ページずつマニュアルページが表示されます。表示を終了するには Q キーを押します（**表2**）。

man コマンドのマニュアルを表示

```
$ man man
```

man コマンドのマニュアルページ

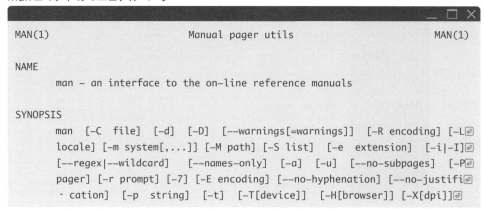

```
MAN(1)                        Manual pager utils                       MAN(1)

NAME
       man - an interface to the on-line reference manuals

SYNOPSIS
       man [-C file] [-d] [-D] [--warnings[=warnings]] [-R encoding] [-L↵
       locale] [-m system[,...]] [-M path] [-S list] [-e extension] [-i|-I]↵
       [--regex|--wildcard] [--names-only] [-a] [-u] [--no-subpages] [-P↵
       pager] [-r prompt] [-7] [-E encoding] [--no-hyphenation] [--no-justifi↵
       - cation] [-p string] [-t] [-T[device]] [-H[browser]] [-X[dpi]]↵
```

```
      [-Z] [[section] page ...] ...
      man -k [apropos options] regexp ...
      man -K [-w|-W] [-S list] [-i|-I] [--regex] [section] term ...
      man -f [whatis options] page ...
      man -l [-C file] [-d] [-D] [--warnings[=warnings]] [-R encoding] [-L⏎
      locale] [-P pager] [-r prompt] [-7] [-E encoding] [-p string] [-t]⏎
      [-T[device]] [-H[browser]] [-X[dpi]] [-Z] file ...
      man -w|-W [-C file] [-d] [-D] page ...
      man -c [-C file] [-d] [-D] page ...
      man [-?V]

DESCRIPTION
      man is the system's manual pager. Each page argument given to man is⏎
      normally the name of a program, utility or function. The manual page⏎
      associated with each of these arguments is then found and displayed. A⏎
      section, if provided, will direct man to look only in that section of⏎
      the manual. The default action is to search in all of the available⏎
      sections, following a pre-defined order and to show only the first page⏎
      found, even if page exists in several sections.

Manual page man(1) line 1 (press h for help or q to quit)
```

表2：manコマンド（lessコマンド）の主な操作

キー操作	説明
SPACE	次のページを表示する
↑	上方向に1行スクロールする
↓	下方向に1行スクロールする
F	次のページを表示する（SPACEと同じ）
B	前のページを表示する
Q	manコマンドを終了する

マニュアルは見出しで区切られています（**表3**）。

表3：マニュアルの見出し

見出し	説明
NAME（名前）	コマンドやファイルの名前と簡単な説明
SYNOPSIS（書式）	オプションや引数の書式
DESCRIPTION（説明）	詳細な説明
OPTIONS（オプション）	個々のオプションの説明
FILES（ファイル）	設定ファイルなど関連ファイル
NOTES（注意）	その他の注意事項
BUGS（バグ）	既知の不具合
SEE ALSO（関連項目）	関連項目
AUTHOR（著者）	プログラムやドキュメントの著者

　マニュアルにはセクション（節）という概念があります。コマンドとファイルの名前が同じでも、収録されているセクションは異なります。例えばcrontabコマンドはセクション1、crontabファイルはセクション5に収録されています（**表4**）。

表4：主なセクション

セクション	説明
1	一般ユーザーコマンド
5	設定ファイル
8	システム管理コマンド

　例えば、crontabファイルのマニュアルを見ようとしても、次のコマンドを実行するとcrontabコマンドのマニュアルが表示されてしまいます。

crontabコマンドのマニュアルを表示

```
$ man crontab
```

　そのようなときはセクション番号を指定してください。

crontabファイルのマニュアルを表示

```
$ man 5 crontab
```

04-02 | Vim（viエディタ）の基本

　Vim（viエディタ）は基本的に、コマンドモードと入力モードという2つのモードを切り替えながら編集作業をしていきます（図4）。コマンドモードでは、キーボードからの入力は文字ではなく、Vimの機能を利用するためのコマンドであるとみなされます。文字を入力するには、入力モードに切り替えるコマンドを実行する必要があります。

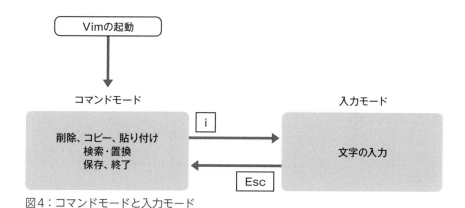

図4：コマンドモードと入力モード

Vimでファイルを開くには次のコマンドを実行します。

書式 **vi ［ファイル名］**

何か適当なファイルをコピーして、編集してみることにしましょう。

/etc/resolv.confをカレントディレクトリにコピーしてVimで開く

```
$ cp /etc/resolv.conf .
$ vi resolv.conf
```

Vimを起動した時点ではコマンドモードです。

Vimで開いた/etc/resolv.conf

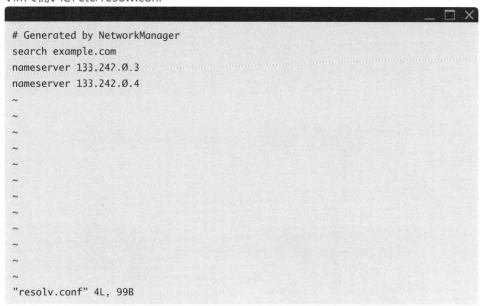

```
# Generated by NetworkManager
search example.com
nameserver 133.242.0.3
nameserver 133.242.0.4
~
~
~
~
~
~
~
~
~
~
~
~
"resolv.conf" 4L, 99B
```

「~」は空行（データのない行）を意味します。一番下の行はメッセージ
ラインといい、編集中のファイル名と行数、バイト数が表示されていま
す。メッセージラインは、検索文字列の入力などに使われることもありま
す。

> 注！意　環境によっては、Vim操作中はテンキーが無効になる場合があります。

Vimの終了

　Vimを終了するには、まず「:」キーを押します。するとメッセージライ
ンにカーソルが移動します*1。次に終了（quit）を表す「q」を入力し、
Enterキーを押すと、Vimは終了します。

　何か編集した後で、保存しないでVimを終了しようとすると、次のよ
うな警告メッセージが表示されます。

未保存に対する警告メッセージ

```
E37: No write since last change (add ! to override)
```

　保存しないで終了したい場合は「:q!」のように、最後に「!」を付けます
（**表5**）。Vimの操作に慣れないうちは、思ったとおりに編集できずやり直
したくなることがあるでしょう。そのようなときは保存しないで終了し、
再度開いて編集し直してください。

表5：Vimの終了

キー操作	説明
:q	Vimを終了する
:q!	保存しないでviエディタを終了する

文字の入力

　文字を入力するには、コマンドモードから入力モードに切り替えます。
いくつかのコマンドがありますが、大文字と小文字が区別される点に注意
してください（**表6**）。

---

*1　この状態をコマンドラインモードということもあります。

表6：入力モードへの切り替えコマンド

キー操作	説明
i	カーソルの前から入力を開始する
a	カーソルの後から入力を開始する
I	行頭から入力を開始する
A	行末から入力を開始する
o	カーソル行の下に空白行を挿入して入力を開始する
O	カーソル行の上に空白行を挿入して入力を開始する

　入力モードになると、メッセージラインに「-- INSERT --」と表示されます。

コマンドモードへの切り替え

　入力モードでは、キーボードからの入力はすべて文字として扱われ、カーソル位置に入力されます。入力モードからコマンドモードへ戻るにはEscキーを押します。メッセージラインの「-- INSERT --」が消えてコマンドモードに戻ります。

　Vim初心者のうちは、どちらのモードなのかわからなくなることがあるでしょう。困ったときはとりあえずEscキーを押しましょう。コマンドモードでEscキーを押してもコマンドモードのままなので問題ありません。

カーソル移動

　カーソルの移動はカーソルキーで行えますが、**表7**の操作も覚えておくと便利です。

表7：カーソル移動のコマンド

キー操作	説明
0	行頭に移動する
$	行末に移動する
gg	ファイルの先頭行へ移動する
G	ファイルの最終行へ移動する
:＜行番号＞	行番号で指定した行へ移動する

切り取り、コピー、貼り付け

Vimでは、文字単位または行単位で切り取り（削除）やコピーを行います（**表8**）。切り取り・コピーした文字列はバッファ（Windowsでいうクリップボード）に保存され、任意の場所に貼り付けることができます。

表8：編集のコマンド

キー操作	説明
x	カーソル位置の文字を切り取る（Delete）
XX	カーソル位置の手前の文字を切り取る（Backspace）
dd	カーソルのある行を切り取る
yy	カーソルのある行をコピーする
p	カーソルのある行の下にバッファの内容を貼り付ける
P	カーソルのある行の上にバッファの内容を貼り付ける

2文字で構成されるコマンドがある点に注意してください。例を見てみましょう。まず1行目でyyコマンド（コピー）を実行します。

コピーの例

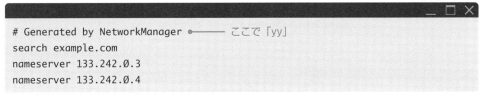

```
# Generated by NetworkManager  ←── ここで「yy」
search example.com
nameserver 133.242.0.3
nameserver 133.242.0.4
```

最後の行にカーソルを移動し、pコマンドを実行すると、末尾に1行目の内容が貼り付けられます。

貼り付けの例

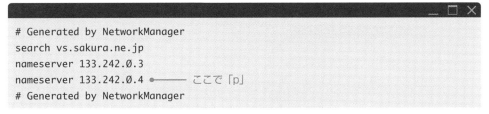

```
# Generated by NetworkManager
search vs.sakura.ne.jp
nameserver 133.242.0.3
nameserver 133.242.0.4  ←── ここで「p」
# Generated by NetworkManager
```

Vimでは、コマンドの直前に数字を入力すれば、その回数分だけコマンドが繰り返されます。1行目の内容はまだバッファに入っていますので、ここで「5p」と入力してみましょう。pキーを5回押したのと同じ結果になります。

繰り返し貼り付け

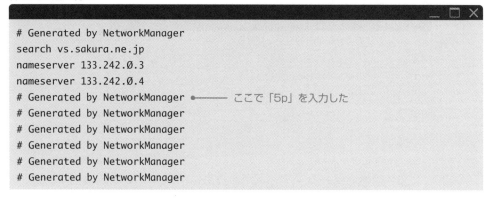

```
# Generated by NetworkManager
search vs.sakura.ne.jp
nameserver 133.242.0.3
nameserver 133.242.0.4
# Generated by NetworkManager ●──── ここで「5p」を入力した
# Generated by NetworkManager
# Generated by NetworkManager
# Generated by NetworkManager
# Generated by NetworkManager
# Generated by NetworkManager
```

同様に「3yy」はカレント行を起点として3行コピー、「20x」はカーソルのある文字を起点として20文字切り取り、となります。「5dd」（5行切り取り）を試してみましょう。

繰り返し切り取り

```
# Generated by NetworkManager
search vs.sakura.ne.jp
nameserver 133.242.0.3
nameserver 133.242.0.4
# Generated by NetworkManager ●──── ここで「5dd」を入力した
```

文字列の検索と置換

文字列を検索するには、まず「/」を入力します。するとメッセージラインに文字を入力できるようになるので、検索したい文字列を入力しEnterキーを押します。例えばカーソルが1行目にあるときに「/0.4」とすると、最初に「0.4」がマッチする箇所（4行目）にカーソルがジャンプします。

文字列の検索

```
# Generated by NetworkManager ●──── ここで「/」。メッセージラインに「/」が
search vs.sakura.ne.jp              現れるので「0.4」を入力
nameserver 133.242.0.3
nameserver 133.242.0.4 ●──── この行にジャンプ
# Generated by NetworkManager
```

　検索文字列にマッチする箇所が複数ある場合は、nキーを押すごとに次の候補へカーソルがジャンプします。Nキー（Shift ＋ Nキー）を押すと、反対方向（先頭への方向）に向かってジャンプします。

　「/」はカーソル位置より下方向への検索ですが、カーソル位置より上方向への検索をしたいときは「/」の代わりに「?」を使います。その場合、nキーとNキーの動作は逆になります。このあたりは実際に操作して体感してみてください。

　文字列の置換も見ておきましょう。

書式　**:%s/A/B/**

　例えば、カーソルが1行目にあるとき、「:%s/name/NAME/」を実行してみると、「nameserver」が「NAMEserver」に置換されます。

「name」を「NAME」に置換

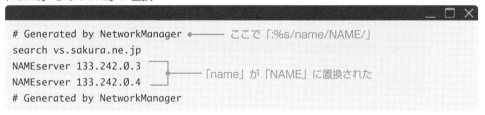

```
# Generated by NetworkManager ●──── ここで「:%s/name/NAME/」
search vs.sakura.ne.jp
NAMEserver 133.242.0.3 ─┐
                        ├── 「name」が「NAME」に置換された
NAMEserver 133.242.0.4 ─┘
# Generated by NetworkManager
```

　ちなみに、1行で複数の箇所がマッチした場合、最初の箇所しか置換されません。ファイル内のすべての文字列を置換するには、「:%s/name/NAME/g」のように、最後にgを追加してください。以上をまとめると**表9**のようになります。

表9：検索・置換のコマンド

キー操作	説明
/文字列	カーソル位置から末尾方向へ文字列を検索する
?文字列	カーソル位置から先頭方向へ文字列を検索する
:%s/A/B/	各行で最初に見つかった文字列Aを文字列Bに置換する
:%s/A/B/g	すべての文字列Aを文字列Bに置換する

ファイルの保存

　ファイルを保存して終了するには、「:w」（ファイルの保存）「:q」（終了）の順に実行するか、「:wq」「ZZ」いずれかを実行します（**表10**）。編集中のファイルに書き込み権限がないと保存できないので、その場合は一時的に別名で保存しておきましょう。

表10：ファイルの保存コマンド

キー操作	説明
:w	ファイルを保存する
:w ファイル名	ファイルを指定したファイル名で保存する
:wq	ファイルを保存して終了する
ZZ	ファイルを保存して終了する

その他の操作

　そのほか、知っておくとよい便利な操作を**表11**にまとめておきます。

表11：Vimのその他の操作

キー操作	説明
u	直前の操作を取り消す（Undo）
Ctrl+R	直前の取り消しを取り消す（Redo）
.	直前の操作を繰り返す
:set nu	行番号を表示する
:set nonu	行番号を表示しない

05 ✳ Ubuntuでの操作

Rocky LinuxはRed Hat系のディストリビューションですが、Debian系のディストリビューションであるUbuntuもよく使われています。ここでは、本書の範囲を中心に、Rocky LinuxとUbuntuでの違いを解説します。

 05-01 ソフトウェアのインストールとアップデート

Rocky Linuxではdnfコマンドを使ってパッケージを管理しますが、Ubuntuではaptコマンドを使います（**表12**）。システムを最新の状態にするには、次のコマンドを実行します。

システム全体のアップデート

```
$ sudo apt update
$ sudo apt upgrade -y
```

Rocky Linuxでは「dnf update」だけですが、Ubuntuでは2コマンドです。最初のapt updateコマンドでパッケージ情報を更新し、次のapt upgradeコマンドでパッケージを実際にアップデートします。最初にパッケージ情報を更新しなければならない点に注意してください。新たにパッケージをインストールする際も、最初にapt updateコマンドを実行してください。

表12：aptコマンドとdnfコマンド対応表

aptコマンド	dnfコマンド	説明
apt update;apt upgrade	dnf update	システムをアップデートする
apt install パッケージ名	dnf install パッケージ名	パッケージをインストールする
apt remove パッケージ名	dnf remove パッケージ名	パッケージを削除する
apt search キーワード	dnf search キーワード	パッケージを検索する
apt show パッケージ名	dnf info パッケージ名	パッケージの情報を表示する
apt autoremove	dnf clean all	キャッシュを削除する

05-02 Apacheのインストール

Ubuntuでは、Apacheのパッケージ名は「apache2」です。次のコマンドでインストールできます。

apache2パッケージをインストール

```
$ sudo apt install apache2
```

Apacheの設定は/etc/apache2ディレクトリ以下に配置されます（**表13**）。メイン設定ファイルは/etc/apache2/apache2.confです。そのファイルにコメントとして記述されていますが、設定ファイルは多くの小さなファイルに分割されます。

表13：UbuntuでのApache設定関連ファイルとディレクトリ

設定ファイル・ディレクトリ	説明
apache2.conf	メイン設定ファイル
ports.conf	待ち受けポート番号の設定ファイル
mods-available/	各種モジュールの設定ファイルが格納されるディレクトリ
mods-enabled/	有効なモジュールの設定ファイルが格納されるディレクトリ（mods-available内ファイルへのリンク）
conf-available/	各種機能の設定ファイルが格納されるディレクトリ
conf-enabled/	有効な機能の設定ファイルが格納されるディレクトリ（mods-available内ファイルへのリンク）

（続き）

設定ファイル・ディレクトリ	説明
sites-available/	Webサイトの設定ファイルが格納されるディレクトリ
sites-enabled/	有効なWebサイトの設定ファイルが格納されるディレクトリ（sites-available内ファイルへのリンク）

　「~-available」ディレクトリには、インストールされているパッケージや機能に応じた設定ファイルが格納されます。それらのうち、必要な機能を「~-enabled」ディレクトリ内にシンボリックリンクとして作成します。例えば、sites-availableディレクトリとsites-enabledディレクトリは、デフォルトでは次のようになっています。

sites-availableディレクトリとsites-enabledディレクトリ

```
$ ls -l /etc/apache2/sites-available/
total 12
-rw-r--r-- 1 root root 1332 Mar  1 22:43 000-default.conf
-rw-r--r-- 1 root root 6338 Mar  1 22:43 default-ssl.conf
$ ls -l /etc/apache2/sites-enabled/
total 0
lrwxrwxrwx 1 root root 35 Jul 28 14:11 000-default.conf -> ../sites-
available/000-default.conf
```

　sites-availableディレクトリには2つのファイルがありますが、sites-enabledディレクトリにシンボリックリンクのある000-default.confファイルが適用されます。

05-03 MariaDBのインストールと初期設定

　MariaDBは次のコマンドでインストールできます。

MariaDBのインストール

```
$ sudo apt install mariadb-server mariadb-client -y
```

　　　設定ファイルはそのままでかまいません。また、インストール後、MariaDBは自動的に起動していますので、続けて初期設定を行います。手順はRocky Linuxと同じですので、P.153を参照してください。

MariaDBの初期設定

```
$ sudo mysql_secure_installation
```

　　　PHPもインストールしておきます。Ubuntu 22.04 LTSでは、PHP 8.1.2がインストールされます。

PHPのインストール

```
$ sudo apt install php php-mysql
```

05-04 WordPressのインストール

　　　まずデータベースを準備します。手順はRocky Linuxと同じですので、P.158を参照してください。

MariaDBに接続してデータベースを準備

```
$ mysql -u root -p
```

　　　WordPressをダウンロードし、ドキュメントルート以下に配置します。

WordPressのダウンロード

```
$ curl -LO https://ja.wordpress.org/latest-ja.tar.gz
```

WordPressの展開

```
$ tar zxf latest-ja.tar.gz
```

wordpressディレクトリをドキュメントルート以下に配置

```
$ sudo mv wordpress /var/www/html/blog
```

　　Apacheが問題なくアクセスできるよう、所有者と所有グループを変更します。Rocky Linuxではユーザーとグループが「apache」でしたが、Ubuntuでは「www-data」となる点に注意が必要です。

/var/www/html/blogディレクトリの所有者と所有グループを変更

```
$ sudo chown -R www-data:www-data /var/www/html/blog
```

　　以降はRocky Linuxでの手順と同じです。

コマンドリファレンス

厳選コマンド50

Linuxの構築・運用において重要と考えられる50のコマンドをまとめました。一般ユーザーで実行可能なコマンドは「$」、rootユーザーでの実行が必要なコマンドは「#」のプロンプトで表しています。

ファイルリストを表示する [ファイル操作コマンド]

ls [オプション] [ファイル名またはディレクトリ名]

オプション　-A　「.」で始まるファイル名のファイルも表示する
　　　　　　　　-d　ディレクトリ自体の情報を表示する
　　　　　　　　-l　詳細に表示する
　　　　　　　　-t　タイムスタンプでソートして表示する

▽/etcディレクトリ内のファイル一覧を表示する
　　　　　$ ls /etc
▽/etcディレクトリ自体の情報を表示する
　　　　　$ ls -ld /etc
▽ホームディレクトリ内のファイル一覧をすべて表示する
　　　　　$ ls -A

ファイルやディレクトリをコピーする [ファイル操作コマンド]

cp コピー元 コピー先

オプション　-r　ディレクトリをコピーする

▽httpd.confファイルをhttpd.conf.oldというファイル名でコピーする
　　　　　$ cp httpd.conf httpd.conf.old
▽/etc/hostsファイルをカレントディレクトリに同じファイル名でコピーする
　　　　　$ cp /etc/hosts .
▽dataディレクトリを/tmpディレクトリ内にコピーする
　　　　　$ cp -r data /tmp

ファイルを移動する [ファイル操作コマンド]

mv 移動元 移動先

▽data.logファイルを/tmpディレクトリに移動する
　　　　　$ mv data.log /tmp

ファイル名を変更する [ファイル操作コマンド]

mv 元ファイル名 新ファイル名

▽ファイルdata.logの名前をold.data.logに変更する
　　　　　$ mv data.log old.data.log

ファイル・ディレクトリを削除する　　　　　[ファイル操作コマンド]

rm ファイル名・ディレクトリ名

オプション　-r　　ディレクトリを削除する
　　　　　　　-f　　削除してよいか確認しないで削除する
　　　　　　　-i　　削除してよいか確認する

▽data.log ファイルを削除する
　　　　　$ rm data.log
▽data ディレクトリとその中のファイルを削除する
　　　　　$ rm -r data
▽data ディレクトリとその中のファイルを確認なしで削除する
　　　　　$ rm -rf data

ディレクトリを作成する　　　　　　　　　　[ファイル操作コマンド]

mkdir ディレクトリ名

オプション　-m　アクセス権を指定する

▽data ディレクトリを作成する
　　　　　$ mkdir data
▽data ディレクトリをアクセス権700で作成する
　　　　　$ mkdir -m 700 data

ファイルの種類を確認する　　　　　　　　　[ファイル操作コマンド]

file ファイル名

▽data.log ファイルの種類を確認する
　　　　　$ file data.log

テキストファイルの内容を表示する　　　　　[ファイル操作コマンド]

cat ファイル名

▽data.log ファイルの内容を表示する
　　　　　$ cat data.log

1ページずつ表示する　　　　　　　　　　　　[ファイル操作コマンド]

less ファイル名

操作	[space]	次のページを表示する
	f	次のページを表示する
	b	前のページを表示する
	g	ファイルの先頭へ移動する
	G	ファイルの末尾へ移動する
	q	less を終了する

▽data.log ファイルの内容を表示する
$ less data.log
▽ls コマンドの実行結果を1ページずつ表示する
$ ls -l /etc | less

ファイルを検索する　　　　　　　　　　　　[ファイル操作コマンド]

find [検索ディレクトリ] [検索式]

検索式	-name	ファイル名を指定する
	-type	ファイル形式を指定する
	-user	ファイルの所有者を指定する

▽カレントディレクトリ以下でファイル名に「.txt」を含むファイルを検索する
$ find -name "*.txt"
▽/tmp ディレクトリ内で所有者が centuser の通常のファイルを検索する
$ find /tmp -type f -user centuser

ファイルを圧縮する（.gz）　　　　　　　　　[ファイル操作コマンド]

gzip ファイル名

▽services ファイルを gzip コマンドで圧縮する
$ gzip services

ファイルを展開する（.gz）　　　　　　　　　[ファイル操作コマンド]

gunzip ファイル名

▽services.gz ファイルを展開する
$ gunzip2 services.gz

アーカイブの作成・展開を行う（.tar）　　　　　　　［ファイル操作コマンド］

tar オプション ディレクトリ

オプション
- -c 　　　　　　アーカイブを作成する
- -x 　　　　　　アーカイブを展開する
- -f ファイル名 　アーカイブファイルを指定する
- -z 　　　　　　gzipの圧縮を使う（.gz）
- -j 　　　　　　bzip2の圧縮を使う（.bz2）
- -J 　　　　　　xzの圧縮を使う（.xz）
- -t 　　　　　　アーカイブの内容を表示する
- -v 　　　　　　詳しく表示する

▽/tmp/testディレクトリのアーカイブtest.tarを作成し、詳しく表示する
```
$ tar -cvf test.tar /tmp/test
```
▽/tmp/testディレクトリの圧縮アーカイブtest.tar.bz2を作成する
```
$ tar -cjvf test.tar.bz2 /tmp/test
```
▽アーカイブtest.tarを展開し、詳しく表示する
```
$ tar -xvf test.tar
```
▽アーカイブtest.tar.bz2を展開し、詳しく表示する
```
$ tar -xjvf test.tar.bz2
```
▽アーカイブtest.tar.bz2の内容を表示する
```
$ tar -tjf test.tar.bz2
```

アクセス権を変更する　　　　　　　　　　　　　　　［ファイル操作コマンド］

chmod [-R] アクセス権 ファイル名またはディレクトリ名

オプション　-R 　指定したディレクトリ以下すべてのファイルのアクセス権を変更する

アクセス権の指定
- u 　所有者
- g 　所有グループ
- o 　その他ユーザー
- a 　すべてのユーザー
- + 　権限を追加する
- - 　権限を削除する
- = 　権限を指定する

▽sampleファイルの所有グループとその他ユーザーに書き込み権を追加する
```
$ chmod go+w sample
```
▽sampleファイルへの所有者・所有グループ以外の書き込み権を削除する
```
$ chmod o-w sample
```
▽sampleファイルのアクセス権を644（rw-r--r--）に設定する
```
$ chmod 644 sample
```
▽dataディレクトリとその中にあるすべてのファイルへの書き込み権を削除する
```
$ chmod -R a-w data
```

コマンドリファレンス

ファイル操作コマンド

所有者を変更する [ファイル操作コマンド]

chown [-R] 所有者 ファイル名またはディレクトリ名

オプション -R 指定したディレクトリ以下すべてのファイルの所有者を変更する

▽sampleファイルの所有者をapacheユーザーに変更する
chown apache sample
▽sampleファイルの所有者をapacheユーザーに、所有グループをwwwグループに変更する
chown apache:www sample

所有グループを変更する [ファイル操作コマンド]

chgrp [-R] 所有者 ファイル名またはディレクトリ名

オプション -R 指定したディレクトリ以下すべてのファイルの所有グループを変更する

▽sampleファイルの所有グループをwwwグループに変更する
chgrp www sample

ネットワークインターフェースの情報を表示・設定する [ネットワークコマンド]

ip 操作対象 [サブコマンド] [デバイス]

▽eth0のIPアドレス情報を表示する
$ ip addr show eth0

ネットワークの疎通確認を行う [ネットワークコマンド]

ping [-c 回数] ホストまたはIPアドレス

オプション -c ICMPパケットを送信する回数を指定する

▽ホスト192.168.0.3との疎通確認を4回行う
$ ping -c 4 192.168.0.3

ネットワークの状態を表示する　　　　　　　　　　　[ネットワークコマンド]

ss [オプション]

オプション　-l　接続を待ち受けしているポートのみ表示する
　　　　　-t　TCPを表示する
　　　　　-u　UDPを表示する
　　　　　-n　ポートやホストを数値で表示する
　　　　　-p　ポートを開いているプロセスを表示する
　　　　　-4　IPv4のみ表示する
　　　　　-6　IPv6のみ表示する

▽開いているTCPポートを表示する
　　　　$ ss -lt

SSHでリモートホストに接続する　　　　　　　　　　[ネットワークコマンド]

ssh [-p ポート] [ユーザー名@]接続先

▽host.example.comにSSHで接続する
　　　　$ ssh host.example.com
▽host.example.comにreikaユーザーとしてSSHで接続する
　　　　$ ssh reika@host.example.com
▽host.example.comの10022番ポートにSSHで接続する
　　　　$ ssh -p 10022 host.example.com

一時的に別のユーザーになる　　　　　　　　　　　[ユーザー管理コマンド]

su [-] [ユーザー名]

オプション　-　　ログイン時の環境にする

▽rootユーザーになる（環境は変更しない）
　　　　$ su
▽rootユーザーになる（rootでログインした状態にする）
　　　　$ su -
▽指定したユーザーになる（blueユーザーでログインした状態にする）
　　　　$ su - blue

別のユーザーとしてコマンドを実行する　　　[ユーザー管理コマンド]

sudo [オプション] [コマンド]

オプション　-s　rootユーザーになる（環境は変更しない）
　　　　　　　-i　rootユーザーになる（rootでログインした状態にする）

▽rootユーザーとしてshutdownコマンドを実行する
　　　$ sudo /sbin/shutdown -h now
▽rootユーザーに切り替える
　　　$ sudo -i

パスワードを設定・変更する　　　[ユーザー管理コマンド]

passwd [ユーザー名]

▽自分のパスワードを変更する
　　　$ passwd
▽centuserユーザーのパスワードを変更する
　　　# passwd centuser

ユーザーを追加する　　　[ユーザー管理コマンド]

useradd [オプション] ユーザー名

オプション　-g　プライマリグループを指定する
　　　　　　　-G　所属グループを指定する
　　　　　　　-d　ホームディレクトリを指定する
　　　　　　　-s　ログインシェルを指定する

▽blueユーザーを追加する
　　　# useradd blue

ユーザーを削除する　　　[ユーザー管理コマンド]

userdel [-r] ユーザー名

オプション　-r　ホームディレクトリも削除する

▽blueユーザーを削除する（ホームディレクトリを残す）
　　　# userdel blue
▽blueユーザーを削除する（ホームディレクトリを残さない）
　　　# userdel -r blue

ユーザー情報を変更する　　　　　　　　　　　[ユーザー管理コマンド]

usermod [オプション] ユーザー名

オプション　-G　サブグループを指定する
　　　　　-g　プライマリグループを指定する
　　　　　-s　ログインシェルを指定する

▽centuserユーザーをwheelグループに参加させる
　　　　# usermod -G wheel centuser

グループを作成する　　　　　　　　　　　　　[ユーザー管理コマンド]

groupadd グループ名

▽developグループを追加する
　　　　# groupadd develop

グループを削除する　　　　　　　　　　　　　[ユーザー管理コマンド]

groupdel グループ名

▽developグループを削除する
　　　　# groupdel develop

過去のログイン・ログアウト履歴を表示する　　　　[ユーザー管理コマンド]

last [ユーザー名]

▽ログイン・ログアウト履歴を表示する
　　　　$ last

コマンドリファレンス　ユーザー管理コマンド

最終ログイン日時を表示する [ユーザー管理コマンド]

lastlog

オプション -t　日数を指定する

▽最近7日以内の最終ログイン日時を表示する
$ lastlog -t 7

ログイン中のユーザーを表示する [ユーザー管理コマンド]

who

▽現在ログインしているユーザーを表示する
$ who

プロセス情報を表示する [システム管理コマンド]

ps [オプション]

オプション a　 他のユーザーのプロセスも表示する
u　 ユーザー名も表示する
x　 端末から実行されていないサービスプロセス等も表示する
-w　長い行は折り返して表示する
-l　 詳細な情報を表示する
-e　 すべてのプロセスを表示する

▽システム上の全プロセスを表示する
$ ps aux
▽システム上の全プロセスを表示する
$ ps -e
▽システム上の全プロセスを表示し、結果をless コマンドで見る
$ ps aux | less
▽ssh という文字列が含まれるプロセス情報のみを表示する
$ ps aux | grep ssh

システムとプロセスの情報を監視する [システム管理コマンド]

top

操作 q　topコマンドを終了する

▽システム監視を開始する
　　　$ top

プロセスを終了する [システム管理コマンド]

kill [オプション] プロセスID

オプション -TERM　プロセスを正常終了する（デフォルト）
　　　　　　 -KILL　　プロセスを強制終了する

▽プロセスIDが20000のプロセスを終了する
　　　$ kill 20000
▽プロセスIDが20000のプロセスを強制終了する
　　　$ kill -KILL 20000

指定した名前のプロセスをすべて終了する [システム管理コマンド]

killall [オプション] プロセス名

オプション -TERM　プロセスを正常終了する（デフォルト）
オプション -KILL　　プロセスを強制終了する

▽vimプロセスをすべて終了する
　　　$ killall vim
▽vimプロセスをすべて強制終了する
　　　$ killall -KILL vim

パッケージを管理する　　　　　　　　　　　　　　　　　　　[システム管理コマンド]

dnf [-y] [サブコマンド] [パッケージ名]

オプション -y　　　　　　　質問に自動的にyesと回答する

サブコマンド update　　　システムをアップデートする
　　　　　　 install　　　パッケージをインストールする
　　　　　　 remove　　　パッケージをアンインストールする
　　　　　　 info　　　　パッケージの情報を表示する
　　　　　　 search　　　パッケージをキーワードで検索する
　　　　　　 list　　　　パッケージ情報のリストを表示する

▽システムを最新の状態にする
　　　　　# dnf update
▽httpdパッケージをインストールする
　　　　　# dnf install httpd

ディスクの使用状況を表示する　　　　　　　　　　　　　　　[システム管理コマンド]

df [オプション]

オプション -h　読みやすい単位で表示する

▽読みやすい単位でディスクの使用状況を表示する
　　　　　$ df -h

ファイルやディレクトリの容量を表示する　　　　　　　　　　[システム管理コマンド]

du [オプション] [ファイルやディレクトリ]

オプション -c　容量の合計も表示する
　　　　　-k　Kバイト単位で表示する
　　　　　-m　Mバイト単位で表示する
　　　　　-s　指定したファイルやディレクトリのみの合計を表示する
　　　　　-S　サブディレクトリを含めずに合計する

▽dataディレクトリの容量を表示する
　　　　　$ du -cs data

メモリとスワップの情報を表示する　　　　　　　　　[システム管理コマンド]

free [オプション]

オプション　-h　読みやすい単位で表示する

▽メモリとスワップの情報を表示する
```
$ free
```

サービスを管理する　　　　　　　　　　　　　　　[システム管理コマンド]

systemctl サブコマンド サービス名

サブコマンド　start　　　サービスを開始する
　　　　　　　　stop　　　サービスを停止する
　　　　　　　　restart　　サービスを再起動する
　　　　　　　　enable　　システム起動時にサービスを自動的に開始する
　　　　　　　　disable　　システム起動時にサービスが自動的に開始しないようにする
　　　　　　　　status　　サービスの状態を表示する

▽Postfix サービスを開始する
```
# systemctl start postfix.service
```
▽Postfix サービスを停止する
```
# systemctl stop postfix.service
```
▽Postfix サービスを自動起動する
```
# systemctl enable postfix.service
```
▽Postfix サービスを自動起動しないようにする
```
# systemctl disable postfix.service
```

コマンドの実行スケジュールを管理する　　　　　　　[システム管理コマンド]

crontab [オプション]

オプション　-e　スケジュール設定を編集する
　　　　　　　-l　スケジュール設定を表示する
　　　　　　　-r　すべてのスケジュール設定を削除する

▽スケジュール設定を編集する
```
$ crontab -e
```
▽すべてのスケジュール設定を削除する
```
$ crontab -r
```

システムを終了または再起動する　　　　　　　　　　　[システム管理コマンド]

shutdown [オプション] [時間]

オプション　-r　システムを再起動する
　　　　　　-h　システムを終了する

▽ただちにシステムを再起動する
　　　# shutdown -r now
▽10分後にシステムを再起動する
　　　# shutdown -r +10
▽22時にシステムを終了する
　　　# shutdown -h 22:00

カレントディレクトリを表示する　　　　　　　　　　　　[その他のコマンド]

pwd

▽カレントディレクトリを表示する
　　　$ pwd

指定したディレクトリに移動する　　　　　　　　　　　　[その他のコマンド]

cd [オプション] [ディレクトリ]

オプション　-　　1つ前のカレントディレクトリへ移動する

▽/home ディレクトリに移動する
　　　$ cd /home
▽ホームディレクトリに移動する
　　　$ cd
▽1つ前のカレントディレクトリへ移動する
　　　$ cd -
▽1つ上のディレクトリへ移動する
　　　$ cd ..

コマンドの実行履歴を表示する　　　　　　　　　　　　　　[その他のコマンド]

history

▽過去に実行した sudo コマンドの履歴を表示する
$ history | grep sudo

指定した文字列を表示する　　　　　　　　　　　　　　　　[その他のコマンド]

echo 文字列

▽文字列 "Hello" を表示する
$ echo "Hello"
▽変数 LANG の内容を表示する
$ echo $LANG

変数をエクスポートし環境変数とする　　　　　　　　　　　[その他のコマンド]

export 変数名

▽変数 LINUX を環境変数とする
$ export LINUX
▽変数 LANG に値 "C" をセットし環境変数とする
$ export LANG=C

シェルを終了する。ログアウトする　　　　　　　　　　　　[その他のコマンド]

exit

▽ログアウトする
$ exit

文字列を検索する　　　　　　　　　　　　　　　　　　　　[その他のコマンド]

grep [オプション] 文字列

オプション　-i　　大文字小文字を区別しない

▽/etc/services ファイルの中から文字列「http」が含まれる行を検索する
$ grep http /etc/services

257

索　引

著者紹介

中島 能和（なかじま よしかず）

Linuxやセキュリティ、オープンソース全般の教材開発や書籍執筆に従事。
著書に『Linux教科書LPICレベル1』『同レベル2』『CentOS徹底入門』（翔泳社）など多数。

装丁デザイン	二ノ宮 匡（ニクスインク）
DTP	株式会社シンクス
検証	村上 俊一
校正	佐藤 弘文

ゼロからはじめるLinux（リナックス）サーバー構築・運用ガイド 第2版
動かしながら学ぶWeb（ウェブ）サーバーの作り方

2024年4月15日　初版第1刷発行

著　　　者	中島 能和（なかじま よしかず）
発　行　人	佐々木 幹夫
発　行　所	株式会社翔泳社（https://www.shoeisha.co.jp）
印刷・製本	株式会社シナノ

© 2024 YOSHIKAZU NAKAJIMA

本書のお問い合わせについては、iiページに記載の内容をお読みください。
乱丁・落丁はお取り替えいたします。03-5362-3705までご連絡ください。

ISBN978-4-7981-8299-5　　　　　　　　　　　　　　Printed in Japan